飞行器新型寻的制导原理

李国飞　李仕拓　钟绮霖　皇甫逸伦　编著

国防工业出版社

·北京·

内 容 简 介

本书主要介绍飞行器制导技术相关的内容,介绍了这些技术的研究背景、问题描述和解决方法。主要内容有:经典导引方法、基于滑模控制的末角约束制导方法、基于预设性能控制的攻击时间控制制导方法、基于时间一致性的二维和三维协同制导方法、基于分布式观测器的多飞行器协同制导方法、多群组飞行器攻击时间控制协同制导方法、考虑执行结构部分失效的容错协同制导方法、连续切换固定时间收敛的多飞行器协同制导方法、从飞行器 GPS 目标定位失效时的主-从多飞行器协同制导方法、基于分布式观测器的从飞行器目标定位失效协同制导方法和多飞行器分时打击协同制导方法。

本书可为研究多飞行器协同制导技术的科研人员提供参考,也可作为高等院校相关专业研究生的参考教材。

图书在版编目(CIP)数据

飞行器新型寻的制导原理/李国飞等编著. —北京:
国防工业出版社,2024.6. —ISBN 978-7-118-13379-0

Ⅰ. V448.133

中国国家版本馆 CIP 数据核字第 202429PH56 号

※

国防工业出版社出版发行
(北京市海淀区紫竹院南路 23 号 邮政编码 100048)
三河市天利华印刷装订有限公司印刷
新华书店经售
*
开本 710×1000 1/16 印张 10¾ 字数 202 千字
2024 年 6 月第 1 版第 1 次印刷 印数 1—1500 册 定价 86.00 元

(本书如有印装错误,我社负责调换)

国防书店:(010)88540777　　书店传真:(010)88540776
发行业务:(010)88540717　　发行传真:(010)88540762

前　言

无人系统自主协同具有高效融合、协同互补和信息互助的优势,是当前我国科技战略规划和国际竞争博弈的重要内容。2022 年 8 月科技部发布的《科技创新 2030——"新一代人工智能"重大项目指南》中,将"群体智能"明确定为人工智能领域的关键科技攻关方向。无人集群自主协同被评为 Gartner 2020 年十大战略技术趋势,也是美国"第三次抵消战略"和"马赛克战"中的颠覆性前沿技术。多飞行器协同制导作战由于具备信息共享和战术协同优势,更是各国军事科技角逐的着力点。与传统的一对一制导攻击战术相比,多飞行器高密度同时命中的饱和攻击战术突防能力强、命中率高、毁伤威力大,因此多飞行器协同制导技术具有广泛的应用前景,是未来战争中的关键技术。

近年来,作者与研究团队对多飞行器协同制导方法进行了较深入研究。因此,作者在介绍基本导引方法的基础上,将自己团队的研究成果进行了梳理,形成了本书。希望本书所介绍的内容和技术能够为读者提供参考,拓宽读者的思路。

本书共分为 6 章,第 1 章为绪论,简要介绍了导引系统的概念、单个飞行器制导方法和多飞行器协同制导方法的研究现状。第 2 章系统地说明了导引原理及几种经典的导引方法。第 3 章以末端角度约束为条件,讨论了基于滑模变结构理论的制导方法。第 4 章基于预设性能控制理论,介绍了攻击时间控制制导方法。第 5 章介绍了基于时间一致性的多飞行器协同制导方法。第 6 章给出了几种不同约束条件下的多飞行器协同制导方法,拓展了协同制导技术的应用范围。

为使本书介绍的内容利于理解和接受,本书从经典的导引方法开始介绍,依次给出基于滑模控制的末角约束制导律和基于预设性能控制的攻击时间控制制导律,在此基础上引出协同制导方法。

与国内外出版的其他同类著作比较,本书介绍了基于预设性能控制的攻击时间控制制导方法、基于分布式观测器的多飞行器协同制导方法、多群组飞行器攻击时间控制协同制导方法、考虑执行结构部分失效的容错协同制导方法、连续切换固定时间收敛的多飞行器协同制导方法、从飞行器 GPS 目标定位失效时的主－从式制导方法、基于分布式观测器的从飞行器目标定位失效协同制导方法和多飞行器分时打击协同制导方法。以上这些成果都是本书所独有的。

  本书的部分内容参考和引用了国内外同行研究学者的研究成果，在此向他们表示衷心的感谢。特别感谢北京航空航天大学吴云洁教授、左宗玉教授和吕金虎教授给予的支持。

  在撰写过程中，我们尽力确保内容的准确性和完整性，但仍然可能存在疏漏或不足之处。敬请广大读者批评指正。

目 录

第1章 绪论 ········· 001

1.1 飞行器导引系统的定义、功能和分类 ········· 001
  1.1.1 导引头 ········· 001
  1.1.2 制导律 ········· 002
1.2 单个飞行器制导理论概述 ········· 002
  1.2.1 攻击角度约束 ········· 003
  1.2.2 执行机构受限或部分失效故障下的制导方法 ········· 004
1.3 多飞行器协同制导理论概述 ········· 004
  1.3.1 攻击时间控制制导 ········· 005
  1.3.2 基于弹间通信的协同制导 ········· 006

第2章 导引原理及经典导引方法 ········· 011

2.1 引言 ········· 011
  2.1.1 导引系统的组成和分类 ········· 012
  2.1.2 导引弹道的研究方法 ········· 013
  2.1.3 选择制导律的基本原则 ········· 013
2.2 飞行器运动方程组及弹目相对运动学 ········· 014
  2.2.1 飞行器运动方程组 ········· 014
  2.2.2 自动寻的制导弹目相对运动方程 ········· 019
  2.2.3 遥控制导相对运动方程 ········· 021
  2.2.4 导引弹道的求解 ········· 023
2.3 飞行器的机动性与过载 ········· 025
  2.3.1 机动性与过载的基本概念 ········· 025
  2.3.2 过载在不同坐标系下的投影 ········· 026
  2.3.3 过载与弹道特性的关系 ········· 027
  2.3.4 需用过载、极限过载及可用过载 ········· 029

2.4 追踪法 ··········· 030
2.4.1 追踪法弹道方程及解析解 ··········· 030
2.4.2 追踪法命中目标的条件 ··········· 032
2.4.3 追踪法弹道的过载特性 ··········· 033
2.4.4 追踪法命中目标所需的飞行时间 ··········· 037
2.4.5 追踪法弹道的稳定性 ··········· 038
2.4.6 追踪法的工程实现及优缺点 ··········· 039
2.5 平行接近法 ··········· 039
2.5.1 平行接近法弹道方程 ··········· 040
2.5.2 平行接近法弹道的过载特性 ··········· 041
2.5.3 平行接近法的优缺点 ··········· 041
2.6 比例导引法 ··········· 042
2.6.1 比例导引法弹道方程 ··········· 042
2.6.2 比例导引法的分类 ··········· 043
2.6.3 比例导引法弹道的过载特性 ··········· 046
2.6.4 比例系数 K 的选择 ··········· 048
2.6.5 比例导引法的工程实现及优缺点 ··········· 054

第3章 基于滑模变结构理论的制导方法 ··········· 055
3.1 基础数学知识 ··········· 055
3.2 滑模变结构基本原理 ··········· 058
3.2.1 滑动模态定义及其数学表达 ··········· 058
3.2.2 滑模变结构控制的定义 ··········· 059
3.3 渐进收敛滑模制导律 ··········· 059
3.3.1 渐进收敛滑模制导律设计 ··········· 059
3.3.2 渐进收敛滑模制导律稳定性分析 ··········· 060
3.3.3 渐进收敛滑模制导律仿真验证 ··········· 061
3.4 有限时间收敛滑模制导律 ··········· 063
3.4.1 有限时间收敛滑模制导律设计 ··········· 063
3.4.2 有限时间收敛滑模制导律稳定性分析 ··········· 064
3.4.3 有限时间收敛滑模制导律仿真验证 ··········· 064
3.5 固定时间收敛滑模制导律 ··········· 066
3.5.1 固定时间收敛滑模制导律设计 ··········· 066
3.5.2 固定时间收敛滑模制导律稳定性分析 ··········· 067
3.5.3 固定时间收敛滑模制导律仿真验证 ··········· 068

第 4 章 攻击时间控制制导方法 ································· 071
4.1 预设性能控制方法基本原理 ······························ 071
4.2 二维预设性能攻击时间控制制导方法 ···················· 073
4.2.1 二维剩余命中时间预测公式推导 ···················· 073
4.2.2 二维预设性能攻击时间控制制导律设计 ············ 075
4.2.3 二维预设性能攻击时间控制制导仿真验证 ········· 076
4.3 三维预设性能攻击时间控制制导方法 ···················· 078
4.3.1 三维预设性能攻击时间控制律设计 ················· 078
4.3.2 三维攻击时间控制制导律仿真验证 ················· 079

第 5 章 基于时间一致性的多飞行器协同制导方法 ············ 082
5.1 相关基础知识 ··· 083
5.1.1 矩阵理论知识 ·· 083
5.1.2 几种图的定义 ·· 083
5.1.3 协同控制相关理论 ···································· 084
5.2 基于时间一致性的二维协同制导方法 ···················· 085
5.2.1 二维协同制导律设计与稳定性分析 ················· 085
5.2.2 二维协同制导律仿真验证 ···························· 088
5.3 基于时间一致性的三维协同制导方法 ···················· 089
5.3.1 三维协同制导律设计与稳定性分析 ················· 089
5.3.2 三维协同制导律仿真验证 ···························· 093
5.4 基于分布式观测器的多飞行器协同制导 ·················· 095
5.4.1 基于分布式观测器的协同制导方法 ················· 095
5.4.2 基于分布式观测器的协同制导仿真验证 ··········· 098
5.5 多群组飞行器攻击时间控制协同制导方法 ··············· 100
5.5.1 群组飞行器相对目标运动数学模型 ················· 101
5.5.2 主飞行器协同制导律设计 ···························· 102
5.5.3 从飞行器协同制导律设计 ···························· 104
5.5.4 多群组飞行器协同制导律仿真验证 ················· 107

第 6 章 不同约束条件下的多飞行器协同制导方法 ············ 114
6.1 考虑执行结构部分失效的容错协同制导方法 ············ 114
6.1.1 容错协同制导律设计与稳定性分析 ················· 114
6.1.2 容错协同制导律仿真验证 ···························· 118

6.2 连续切换固定时间收敛的多飞行器协同制导 …………………… 122
 6.2.1 连续切换固定时间收敛方法 ………………………………… 122
 6.2.2 连续切换固定时间收敛制导律设计 ………………………… 124
 6.2.3 连续切换固定时间收敛制导仿真验证 ……………………… 125
 6.2.4 连续切换固定时间收敛协同制导律设计 …………………… 127
 6.2.5 连续切换固定时间收敛协同制导仿真验证 ………………… 130
6.3 从飞行器 GPS 目标定位失效时的主 – 从多飞行器
  协同制导方法 ……………………………………………………… 132
 6.3.1 三维空间下飞行器相对运动关系 …………………………… 133
 6.3.2 主飞行器攻击时间控制制导律设计 ………………………… 134
 6.3.3 基于位置协同的无导引头从飞行器协同制导律设计 …… 136
 6.3.4 从飞行器 GPS 目标定位失效时的协同制导
    方法仿真验证 …………………………………………………… 140
6.4 基于分布式观测器的从飞行器目标定位失效协同制导方法 …… 144
 6.4.1 从飞行器目标定位失效情况下的模型描述 ………………… 145
 6.4.2 主飞行器攻击时间约束制导律设计 ………………………… 146
 6.4.3 从飞行器分布式观测器设计 ………………………………… 148
 6.4.4 考虑碰撞自规避的从飞行器协同制导律设计 …………… 149
 6.4.5 从飞行器目标定位失效协同制导方法仿真验证 ………… 152
6.5 多飞行器分时打击协同制导方法 ……………………………… 155
 6.5.1 多飞行器分时打击协同制导律设计 ………………………… 155
 6.5.2 多飞行器分时打击协同制导律仿真验证 …………………… 156

参考文献 …………………………………………………………………… 159

第1章

绪　论

现代军事科技的不断发展和完善,对进攻飞行器的响应速度、打击精度和自主决策能力提出了更高的要求。飞行器制导系统的主要任务是根据弹上设备探测和导航系统感知飞行器－目标的相对运动关系,根据制导律生成制导指令传送至姿态控制系统控制飞行器的执行机构,通过改变作用于飞行器的力和力矩导引其飞向目标。因此,制导系统能够直接决定飞行器能否最终有效击中目标,是整个进攻飞行器系统的重要组成部分。

为保证飞行器对目标打击的准确性和可实现性,一般要求制导律拥有制导精度高、弹道曲率小、易于实现这3个特点。

制导系统涉及的研究内容非常广泛,本章主要介绍制导系统定义、功能和组成,并介绍单个飞行器制导理论和多飞行器协同制导理论的研究概况。

1.1 飞行器导引系统的定义、功能和分类

制导系统也称为导引系统,通过制导装置确定飞行器相对目标的信息,如位置、视线角和视线角速度等。基于此信息按设定的导引方法生成制导指令。制导系统由硬件和软件组成,硬件包括导引头、电源模块、弹载计算机和弹上电缆网等,软件主要由信息处理模块、时序模块和制导律模块等组成。导引头和制导律分别是制导系统硬件和软件的核心。

⋙ 1.1.1 导引头

导引头是目标跟踪装置,相当于制导飞行器的"眼睛",制导武器通常由导

引头探测飞行器和目标之间的相对运动信息，从而为制导指令的生成提供依据。根据是否配置伺服机构，可将导引头分为捷联式导引头和框架式导引头。捷联式导引头通过测量弹目视线角度信息，利用坐标转换得到所需坐标系下的视线角度和角速度信息；框架式导引头探测纵向平面和水平面内的视线角速度，通过低通滤波器和卡尔曼滤波器得到弹目视线角速度等信息。

❱❱ 1.1.2 制导律

  制导律是导引武器飞行并拦截目标的算法，是影响制导武器综合性能的关键因素，制导律不仅决定了制导武器的弹道特性，还会影响整个制导系统的执行难易程度和飞行器的脱靶量。选用制导律时应综合考虑飞行器的飞行性能、作战空域、技术实施、制导精度、制导设备和目标特性等因素。

  制导飞行器的制导时序一般分 4 个阶段：初制导段、中制导段、中末制导交班段与末制导阶段。每个制导阶段有各自的特点和任务。

  初制导段为第一个阶段，从飞行器发射开始，到飞行器中制导之前结束，初制导节点飞行器速度变化快，姿态变化剧烈，在这一阶段一般以保证弹体稳定为主，对姿控品质不做严格要求，制导大多采用程序制导或指令制导。

  中制导段定义为初制导结束到中末制导交班开始前的飞行器导引阶段，对于一些中远程制导武器，此阶段非常重要，需保证飞行器射程最大且要将飞行器导入较好的位置和姿态，以便导引头探测、识别、捕获及锁定目标，为末制导做准备。中制导段一般采用惯性制导、惯性与地形匹配复合制导或遥控制导等。

  中末制导交班段为飞行器中制导至末制导之间的过渡段，此阶段应保证导引头稳定锁定目标、飞行弹道平滑过渡以及飞行姿态尽可能避免剧烈变化、制导指令平稳过渡或切换。对于配备捷联式导引头的飞行器，应保证目标一直在导引头的有效视场之内。

  末制导段为中末制导交班段结束至飞行器击中目标的导引阶段。末制导设计最重要的指标即为制导精度，其任务为以较高的精度完成对目标的有效攻击。对于一些可在投放前锁定目标的飞行器，如反辐射雷达导弹，投放后即可进入末制导阶段。

1.2 单个飞行器制导理论概述

  命中精度和命中概率为制导系统设计的重要性能指标，制导系统根据特性可简要分为自动寻的制导、遥控制导和复合制导等。

在制导律设计过程中，因为作战任务的不同，往往需要考虑不同的约束条件。攻击角度约束、过载受限约束、输入时延约束、执行机构受限或部分失效故障为目前制导律设计中经常需要考虑的限制条件，因而受到研究者们的广泛关注。

1.2.1 攻击角度约束

目前制导律设计考虑的角度约束主要包括攻击角度约束和面向特殊任务的可视角约束。

攻击角度约束制导律可以使飞行器以一定的攻击角度命中目标，这种制导方法在打击特定目标时可以增强飞行器对目标的杀伤力。文献[1-2]设计以终端攻击角度打击机动目标，研究了考虑攻击角度约束的制导律。除此之外，解决了自动驾驶仪动态特性对制导律设计的影响，缺点是制导初始阶段较难获得期望的航迹角。在俯仰通道内带有落角约束的制导律设计中，文献[3]与文献[4]分别基于滑模变结构控制与反步法提出了制导控制一体化方法，其中文献[3]基于视线角误差和视线角速率设计滑模变量，与此不同的是，文献[4]采用自适应径向基(RBF)神经网络对系统中的干扰进行辨识和实时补偿，两种方法均完成了纵向平面落角约束下的制导控制一体化设计。文献[5]针对二维平面考虑角度约束的制导设计问题，提出了基于不确定非线性控制镇定理论的自适应滑模制导律。与此类似，同样针对二维平面制导方法设计，考虑期望落角约束的限制，文献[6]在执行机构的实际输出不可测的情况下，设计了自适应滑模制导律，所设计方法也能满足落角约束。文献[7]和文献[8]分别基于滑模控制和积分反步控制方法，提出了可有限时间收敛的带攻击角度的约束制导律。文献[9]提出了带角度约束的鲁棒终端滑模制导律，可解决固定、匀速和机动目标的给定角度打击。文献[10]结合滑模干扰观测器和模型预测控制方法设计三维空间下考虑角度约束的制导律，其中未知的目标机动信息通过干扰观测器来估计，估计值反馈至模型预测控制器。对于三维空间的落角约束，还有文献[11]针对倾斜转弯技术(BTT)飞行器利用鲁棒自适应反步理论设计了同时考虑控制回路动态特性和落角约束的制导律。

对于可视角约束制导律，主要是为了满足飞行器对目标的探测要求，需保证飞行器速度方向和弹目连线之间的夹角(可视角)在整个飞行过程中处于给定的范围之内。在文献[12]中，寻的末制导阶段的空对空导弹安装有捷联式导引头，在攻击过程中为了保证目标在导引头的探测区域内，需要保证可视角不超过特定的范围，这种限制间接地对法向加速度也提出了要求，因此设计难度相比一般情况更高。文献[13]同时考虑攻击角度和可视角约束，基于非线性映射方法设计了针对静止目标和匀速非机动目标的制导方法。文献[14-15]分别基于非奇异滑模控制和反步控制设计了考虑可视角约束的指定攻击时间制导方法。文献[16]对时变速度下同时有攻击角度和可视角约束的静止目标拦截问题给出了解决方案。

▶▶▶ 1.2.2 执行机构受限或部分失效故障下的制导方法

执行机构受限是指飞行器所能提供的过载控制量往往是在一定范围内的。因此，如果控制指令超过此范围，则期望的控制输出和实际的输出将出现差异。部分失效故障是指由于执行机构老化或者受损导致期望的过载输出和实际的过载输出不能完全匹配，即工效能力下降，通常会采用工效系数 $0 < \rho(t) \leq 1$ 来表示两者之间的量值关系。

对于执行机构受限的制导方法设计，文献[17]采用自适应反步滑模控制和一阶滤波器，提出了在执行机构受限下的攻击角度约束制导律，而且将自动驾驶仪的影响视作二阶动态也纳入到设计过程中。同样，为了考虑执行机构受限和攻击角度约束，文献[18]给出了制导控制一体化设计方案。除了单个飞行器的执行机构受限制导设计之外，通过设计输入受限有向图下的分布式优化跟踪控制，文献[19]提出了有过载限制的"领-从"式多弹制导方法。为了实现在过载限制下带攻击角度约束的机动目标打击，文献[20]采用自适应趋近律和有限时间控制方法，设计了三维空间下的制导律，其中未知的目标机动信息通过设计观测器来实时估计。

同样，执行机构部分失效故障下的容错制导方法也有部分研究成果已提出，在文献[21]中，针对三维空间飞行器的自动驾驶仪延时和执行机构的部分失效故障，采用自适应滑模方法设计了制导律，仿真验证了在执行机构部分失效情况下所设计方法依然能有效命中目标。文献[22-23]设计了执行机构部分失效和输出饱和双重影响下的三维空间制导打击方法。文献[24]在目标机动信息未知的情形下，采用离散时间滑模控制理论和时延观测器设计了针对机动目标打击的执行机构故障鲁棒容错制导方法。文献[25]进一步提出了在部分状态受限和执行机构故障下的制导控制一体化方法。目前已有的容错方法主要集中于工效系数固定或者时变但规律已知的情形，而对于工效系数时变未知的容错制导方法研究尚少。

1.3 多飞行器协同制导理论概述

为了增加对配备防御系统目标的突防打击能力，并提高对目标的毁伤效果，多飞行器齐射饱和攻击已成为打击目标的有效方式之一。在制导律设计过程中,要求所有攻击武器尽可能在同一时刻击中目标。目前,主流攻击方式有:攻击时间控制制导(Impact Time Control Guidance,ITCG)下的各弹体独立导引方法和基于弹间通信的协同制导。

1.3.1 攻击时间控制制导

该方法需要首先设定一个期望的攻击时刻,然后各弹体根据攻击时间的要求设计制导律,在策略设计过程中,各弹体之间不存在信息交互和通信联络,从而将多个飞行器对单个目标的打击问题,转化为飞行器与目标一对一的攻击时间约束制导律设计问题。

In-Soo Jeon 等于 2006 年结合比例制导律和命中时间误差修正项,基于最优反馈控制方法提出攻击时间约束制导律,实现了二维平面内针对静止目标的指定攻击时间多弹同时命中[26]。在此基础上,文献[27]应用最优控制理论研究了综合考虑命中时间约束和终端角度约束的制导律设计。N. Harl 和 S. N. Balakrishnan 针对二维平面机动目标的打击问题,采用二阶滑模控制设计制导律来满足攻击角度要求,并通过数值寻优算法确定制导律参数,降低命中时间误差[28]。约翰·霍普斯金大学 Gregg A. Harrison 设计了具有 2 种工作模式的制导律,所提出方法可在终端角度控制和攻击时间控制两种模式之间根据需要切换[29]。Tae-Hun、Kim 等在文献[30]中设计了包含 3 个待定系数的多项式反馈控制律来满足时间和角度终端约束条件,其中 1 个系数用于实现设定时间打击,其他 2 个系数用来满足攻击角度和脱靶量要求。Shashi Ranjan、Kumar 和 Debasish、Ghose 利用 2 种不同的剩余时间估计策略及滑模控制方法构造了指定时间命中制导律,该方法通过预测命中位置,将结果扩展到匀速运动目标的攻击设计中[31]。张友安等利用加权超前角的余弦函数特性,设计了针对静止目标同时考虑时间和视场受限约束的制导律[32]。Kim、Mingu 等通过 Lyapunov 稳定性理论设计指定时间命中制导律,并将方法扩展到了三维空间的指定时间命中[33]。Cho、Dongsoo 等基于比例导引下的剩余时间表达式,采用非奇异终端滑模制导律来解决二维平面内的指定时间命中问题,并讨论了控制输入的非奇异特性[34]。周佳玲和杨剑影在文献[35]中分别设计了二维平面和三维空间下的指定攻击时间制导律,并证明了所提出方法可确保预测攻击时间收敛到实际值。胡庆雷等针对非机动和机动目标的指定攻击时间打击问题,基于滑模变结构控制给出了制导律设计方法[36]。

在上述文献中,实现飞行器在指定时间命中目标的方法可分为 2 类:一类是基于最优理论,将指定时间命中的要求体现于最优问题中的边值条件或性能指标中,采取数值方法进行最优问题求解;另一类是基于 Lyapunov 稳定性理论,通过反馈命中时间估计值,从而使命中时间误差收敛。

时间控制制导方法对剩余时间估计的依赖性强,而在制导律设计过程中广泛采用的小角度线性化假设也在一定程度加剧了剩余时间的估计误差。为解决以上问题,赵世钰和周锐等引入虚拟领弹的概念,将攻击时间问题转化为既定弹道的跟踪问题,在方法设计过程中,首先根据期望攻击时间规划虚拟领弹轨迹,各飞行器随之跟踪虚拟领弹实现对目标的指定时间打击[37]。文献[38]同时考虑攻击时间和攻击角度双重约束,通过新型滑模面设计解决了在无需剩余时间估计和小角度近似情况下指定攻击时间和攻击角度的制导律设计问题。

期望攻击时间点的选择对于时间控制制导律的设计至关重要,关于如何确定预定时间选取的可行域范围及边界条件,文献[39]分析了飞行器攻击时间裕度,为攻击时间可行域的分析给出了指导方法。S. Gutman 针对固定目标打击,在轴向速度可控假设条件下给出了飞行器攻击时间的上下界[40]。文献[41]提出了一种攻击时间指令可通过包含视线角约束的切换状态获取的时间控制制导策略,并仿真验证了其在多弹同时命中任务中的适用性。

1.3.2 基于弹间通信的协同制导

相比控制攻击时间的自主独立制导方法,在弹间通信网络下的协同制导无需预先设定攻击时间。在协同制导方法中,各弹体之间通过通信传输建立协调变量,最终实现攻击时刻的协调一致[42-43]。根据飞行器在弹群中承担"角色"的不同,协同制导方法可分为基于"领弹-从弹"架构的协同制导律和分布式协同制导律[44-45]。

1.3.2.1 基于"领弹-从弹"架构的协同制导律

文献[46]研究了二维横侧向平面下领弹与从弹打击固定目标的问题,通过设计从弹的法向过载指令与轴向过载指令使得从弹跟踪领弹,其中领弹采用比例导引法。赵恩娇等进一步考虑了领弹-从弹对机动目标的协同拦截,引入在线调整制导参数的自适应算法来保证领弹命中剩余时间大于从弹的剩余时间[47]。以上两种方法虽然可以实现领弹与从弹的协同攻击,但必须保证领弹与从弹构成的通信拓扑图为全向连通,通信资源的消耗成本高,不便进行大数量扩展。为进一步降低通信要求,邹丽等研究了以位置和速度为协调变量的从弹协同制导律,作者以目标为虚拟领弹,通过权重选取实现从弹对目标的跟踪打击[48]。赵启伦等结合比例导引法和一致性控制理论设计了通信时变拓扑下的协同制导律,其中领弹负责探测目标的运动信息,从弹利用弹间通信跟踪领弹[44,49]。基于一致性理论和动态逆控制方法,文献[50]提出了双领弹协同制导方法,在该文中通过引入虚拟目标,分别对可同时控制切向过载和法向过载的弹群和仅能控制法向过载的弹群各提出了协同打击方法。文献[51]在有向通信拓扑下,设计了考虑攻击视线角约束的协同制导同时命中静止目标的方法。

1.3.2.2 分布式协同制导律

相比"领弹-从弹"架构的协同制导律,分布式协同制导中各飞行器的角色功能一致[52]。文献[53]基于比例导引形式设计协同制导律,研究了二维平面下多飞行器同时命中静止目标问题,飞行器之间能够互相交换剩余时间估计值的信息,每个飞行器通过反馈自己的剩余时间估计值与所有飞行器剩余时间估计值的平均值的误差来调节导航比,实现各弹体命中时间的协同,并讨论了剩余时间估计值与真实值之间的关系。该研究成果为同时命中目标的协同制导律设计提供了启发性思路,被后续的众多研究者广泛借鉴。赵江和周锐等应用模型预测控制理论,设计了具有良好动态特性的分布式协同制导律[54]。文献[42]考虑过载受限约束条件,基于凸优化和滚动时域优化理论提出了多弹协同制导律。李国飞等考虑执行机构部分失效影响,基于固定时间收敛理论和自适应控制算法设计了多弹同时命中目标的容错协同制导律[55]。王晓芳和林海等利用动态面控制理论和干扰观测器技术设计了多弹制导控制一体化协同攻击策略,该方法将建模误差、气动参数不确定性和外部干扰等归为总干扰,由观测器估计[56]。文献[57]研究三维空间下多飞行器同时命中静止目标问题,将传统二维平面下的比例制导律采用向量的形式扩展到三维空间,并结合剩余时间的一致性协议和机器学习算法实现多飞行器对目标的同时命中。王向华等考虑攻击角度约束,设计了三维平面下多弹同时命中协同制导律[43]。

以上所介绍的"领弹-从弹"架构的协同制导或分布式协同制导方法的设计过程,大都可归纳总结为:设计一个一致性协调变量,通过实时反馈关于协调变量的一致性误差,实现一致性控制。协同变量的选择主要有剩余时间估计值或飞行器与目标之间的相对距离。在研究多飞行器同时命中目标的问题时,不管是剩余命中时间的一致性误差收敛问题还是距离一致性误差的收敛问题,都需要保证误差变量在飞行器命中目标之前实现收敛,所以误差的收敛时间对能否实现最终的多飞行器同时命中十分重要,而快速收敛特性主要取决于制导律设计采用的理论方法。滑模控制在各种制导律方法设计中应用非常广泛,最初的滑模变结构控制方法可实现渐近收敛,但是渐近收敛的收敛时间通常为趋于无穷,因此始终伴随着少量的误差。尽管渐近收敛对于控制精度或者收敛时间要求不高的系统已经可以满足条件了,然而对一些精度要求比较高的系统,渐近收敛难以达到要求。因此,越来越多的研究者开始探索有限时间收敛控制方法,目前已有的绝大多数有限时间收敛控制方法的收敛时间是依赖于初始状态的,这对于一些初始状态未知或者难以测量的控制系统设计是不利的。因此，近些年在有限时间控制的基础上，固定时间收敛的控制方法被提出并广泛应用推广，与有限时间控制方法不同的是，固定时间控制的收敛时间与初始状态值无关。

对于多飞行器协同打击目标的研究，多智能体系统一致性协同控制理论为其提供了良好的理论支撑。飞行器攻击目标的动力学模型本质上是一个非线性模型，因此，将多智能体系统一致性协同控制的相关研究运用到多飞行器齐射攻击同时命中的研究工作中是合理的。

导弹等新型武器的发展极大促进了当今军事作战的变革，在近些年世界局部地区的军事冲突中，一方通常会对另一方的作战指挥系统或其他关键区域与场所展开毁灭性打击，实现对关键要害部位的破坏。而导弹在作战过程中担任着不可替代的重要角色，且已投入到几乎每一次现代战争中，比如以色列于2018年9月、12月和2019年7月向叙利亚发动的多次空袭中都采用了空对地导弹，对叙利亚境内的武器仓库，迈泽空军基地等重要区域展开了精确打击，使叙利亚承受了巨大损失。由于导弹对目标的打击能力通常取决于其制导与控制系统性能，因而提高导弹的制导、控制精度和性能对实现目标的有效打击或者拦截敌方来袭具有重要意义。

"矛"锐则须盾"坚"，攻击导弹打击能力的提升对防空系统的拦截能力和水平提出了更高的要求，对于大气层内的来袭目标拦截，作为拦截弹应该能够利用自身姿态变化，通过气动力调节来产生拦截目标应具备的过载。在国际军事态势和军事装备技术的威胁下，世界各军事强国对反导防御系统的完善和发展也越发重视，如美国的"萨德"（简称THAAD）反导防御系统已被广泛布置于众多敏感军事区域，应对空袭的防御反击能力相比以往有明显的提高。美国陆军在2015年5月对研发的一体化防空反导作战指挥系统（IBCS）进行反导拦截测试，防空导弹"爱国者－2"在本次测试中实现了对弹道导弹靶弹的成功拦截。在随之的另外两次试验中，"爱国者－3"在IBCS系统控制下成功拦截了巡航导弹与战术弹道导弹。除此之外，同年11月，美国海军在西太平洋开展了联合反导测试，有效拦截了在飞行末段的靶弹。除美国之外，其他各国的反导防御导弹系统包括我国"红旗"系列防空反导系统（图1-1）、俄罗斯"S－400"防空系统和以色列"箭－2"弹道导弹防御等。

因此，对于有反导防御系统保护的目标，仅依靠单枚导弹进行打击易被防御系统拦截，作战成功率低。多导弹进行协同打击是当前信息化环境下实现由"以平台为中心"的单个导弹作战方式向"以网络为中心"的多导弹作战方式转变的重要方向。通过协同作战形成各导弹相互配合的打击效果，使得整个弹群大系统的作战能力超过各弹体作战能力的和。而协同制导的目的是利用多弹攻击提高导弹突防能力，利用饱和攻击提高毁伤效果，从而提升导弹的综合作战效

图 1-1 中国"红旗"9 远程防空导弹系统

能。2018 年 4 月 13 日,美国联合英法两国空袭叙利亚,分别通过海军宙斯盾导弹驱逐舰和空军 B-1B 战略轰炸机向叙利亚境内发射了多枚战斧巡航导弹和 AGM-158 空地导弹,成功摧毁了叙利亚的一些重要制造设施。2018 年 9 月,以色列多架 F-16 向叙利亚西北边境地区的军事基地进行空袭,尽管叙利亚的防空系统拦截了至少 5 枚来袭导弹,但占据绝对数量优势的进攻导弹依然突破防御系统,摧毁了目标区域。

在"网络中心战"思想的驱动下,多弹齐射攻击技术也将更加依赖弹体之间的信息共享,推动作战方式向网络化、信息化发展。不断发展成熟的通信技术,如数据链技术,使得整个攻击弹群能够快速地进行信息交流和共享,更有效地掌握整个战场态势。因此,运用协同制导方法对提高目标打击能力和提升实际作战水平具有重要意义。这种作战环境下的制导技术设计应具备的特点有:

1) 信息共享

信息共享的主要目的是尽可能最高效地吸收协同系统中各个实体的价值和充分运用已有的自身资源,并通过个体信息来感知新的信息,信息的共享是整个大系统实现协同作战的基础。

2) 任务整合

虽然各子任务是面向协同作战平台中的不同个体,但在具体运行过程中的衔接关系使得个体之间是有紧密联系的,通过各个子任务的有效整合实现整个作战任务的协调平滑完成,其中子任务之间的耦合性间接使得所有个体形成协同作战大系统。

3) 资源调配优化

在整个协同作战大系统有了信息共享与任务整合的保证后,各项资源有了渠道突破限制和障碍，从而经过有序统一的管理为实现共同的目标发挥作用。

随着"萨德"防御系统在韩国的部署，我国当前面临的形势也愈加严峻，突破反导防御系统实现作战打击能力是应对敌对势力威胁和维护国家主权的重要保障，根据目前公开的报道，我国已开展了多导弹饱和攻击演练，十多枚导弹在不同的初始位置发射后，沿着不同的弹道最终同时命中目标。在多导弹饱和攻击作战任务中，众导弹命中目标的同时性是关键。一般而言，防空防御系统对处理大规模目标来袭的能力是有限的，如图1-2所示，"萨德"系统导弹发射车通常配备8枚拦截弹，当有远远多于8枚来袭攻击导弹时，该系统将会饱和，致使攻击的多导弹突破防御系统实现目标打击。

图1-2 "萨德"系统导弹发射车

因此，多导弹齐射攻击具有对目标命中率高、摧毁性强等特点，是应对未来军事挑战的重要作战方式之一，具有极为重要的研究意义。因此，本书将对不同任务需求和不同约束条件下的协同制导方法进行梳理和总结。

第 2 章

导引原理及经典导引方法

2.1 引言

按照制导原理的不同,弹道可分为方案弹道和导引弹道两大类。

方案弹道为飞行器按照预定飞行方案飞行所对应的弹体质心的运动轨迹,当飞行方案选定后,飞行器的飞行方案也就随之确定。飞行方案即为在设计弹道时,所选定的某些飞行参数,如高度 $H^*(t)$、航迹倾角 $\theta^*(t)$、攻角 $\alpha^*(t)$、俯仰角 $\vartheta^*(t)$ 等随时间的变化规律。巡航飞行器的爬升段、平飞段,弹道飞行器的主动段以及靶机的某些飞行段通常都采用方案弹道飞行。

导引弹道为根据飞行器和目标的运动特性,以某种导引方法(制导律)将飞行器导向目标时的弹体质心运动的轨迹。空空导弹、空地导弹、地空导弹及巡航导弹的末制导均采用导引弹道。导引弹道的制导系统可分为自动寻的制导和遥控制导两种基本类型,也有两者兼用的,称为复合制导。

自动寻的制导是由弹上敏感器(导引头)感受目标辐射或反射的能量(如无线电波、红外线、激光、可见光等),自动形成制导指令,导引飞行器攻击目标的制导技术。自动寻的制导的特点是对目标进行探测和生成制导指令的装置都位于弹内,因此相比遥控制导而言可以实现射后不理,比较机动灵活,且制导精度较高。自动寻的制导的主要缺点是制导系统全部装在弹内,导致弹身装置较为复杂,且受到弹上空间和重量的限制,作用距离也相对较短。

遥控制导是由制导站测量弹目相对运动信息,经计算处理后形成制导指令并以无线电波或有线传输导线发送至飞行器,飞行器接收指令后,通过弹上控制系统的作用命中目标。遥控制导的特点是,由于主要制导装置是依靠制导站来完成的,使得弹内装置较为简单,且作用距离较远。遥控制导的主要缺点是飞行器发射后,制导站须保持对目标和飞行器的持续观测,并不断向飞行器发送制导指令,相比自动寻的制导而言,遥控制导无法实现射后不理,在制导过程中,制导站不能撤离,易受到敌方攻击和干扰,且制导精度随飞行器与制导站距离的增加而降低。

方案弹道和导引弹道的具体分类,如图2-1所示。

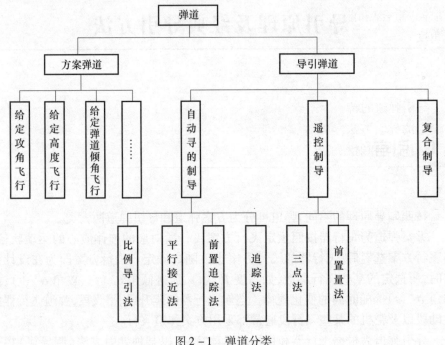

图2-1 弹道分类

2.1.1 导引系统的组成和分类

导引系统总体上包括两个部分,即探测系统和制导律。探测系统的作用是完成对弹目相对运动信息的探测,可以用多种方式来实现,如制导站上的测角仪、飞行器上的导引头,或是制导站发出的制导波束的解算。制导律是根据探测系统的测量信息,按照期望的弹道要求和某些性能指标而生成的制导指令计算方法。虽然目前已开发出多种具有不同弹道特性的制导律,但制导律的设计依据是类似的,其本质都是通过数学方法,设计一个过渡过程,使得弹目相对速度对准弹目视线。

根据飞行器和目标的相对运动关系,可将导引方法分为以下几种:
(1)按飞行器速度向量与视线(又称目标线,即弹目连线)的相对位置分为追踪法(飞行器速度向量与视线重合,即飞行器速度方向始终指向目标)和常值前置角法(飞行器速度向量超前视线一个常值角度)。

(2)按视线在空间的变化规律分为平行接近法(视线在空间平行移动)和比例导引法(飞行器速度向量的转动角速度与视线的转动角速度成比例)。

(3)按飞行器纵轴与视线的相对位置分为直接法(两者重合)和常值方位角法(纵轴超前一个常值角度)。

(4)按制导站 – 飞行器连线和制导站 – 目标连线的相对位置分为三点法(两连线重合)和前置量法(又称角度法或矫直法,制导站 – 飞行器连线超前一个角度)。

2.1.2 导引弹道的研究方法

导引弹道的特性主要取决于所选用的导引方法和目标的运动特性。对应某种确定的导引方法,导引弹道的研究内容包括脱靶量、需用过载、飞行器飞行速度、飞行时间和射程等,这些参数将直接影响飞行器的命中精度。

在飞行器和制导系统初步设计阶段,为简化起见,通常采用运动学分析方法研究导引弹道。导引弹道的运动学分析基于以下假设:

(1)将飞行器、目标和制导站视为质点;
(2)制导系统理想工作;
(3)飞行器速度是已知函数;
(4)目标和制导站的运动规律是已知的;
(5)飞行器、目标和制导站始终在同一平面内运动,该平面称为攻击平面,它可能是水平面、铅垂平面或倾斜平面。

2.1.3 选择制导律的基本原则

选择制导律时,应从飞行器的飞行性能、作战空域、技术实施、制导精度、制导设备(导引头和制导站)、目标特性等方面综合考虑。选择制导律的基本原则是:

(1)根据飞行器导引头的输出信息来选择,如导引头输出量为角度信息,则优先选择基于角度的导引法。
(2)所选择的制导律应满足制导精度要求,即脱靶量要小于总体指标要求。
(3)所设计的弹道应具有良好的弹道特性,最好能保证在整个飞行过程中,尤其是弹道末段,弹道具有较小的曲率,以降低需用过载。
(4)所设计的弹道应保证飞行器需用过载变化尽可能平滑且分布合理,由目标机动引起的法向过载尽可能小,最大需用过载应小于弹体可用过载。
(5)所选择的制导律应满足能攻击的目标速度范围尽量宽,在空间上实现对目标的前半球区域进行攻击。

(6)在末制导律设计过程中,应确保目标始终在导引头的视场范围内,即将导引弹道的前置角限制在一定范围内。

2.2 飞行器运动方程组及弹目相对运动学

飞行器运动方程组是表征飞行器运动规律的数学模型,是分析和计算飞行器运动的基础;弹目相对运动方程和导引关系方程是研究导引弹道的基础。

在研究飞行器运动规律时,为简化分析,常采用固化原理,即:在任意研究瞬时,将变质量系的飞行器视为虚拟刚体,把该瞬时飞行器所包含的所有物质固化在虚拟的刚体上。同时,忽略一些影响飞行器运动的次要因素,如弹体结构的弹性变形、哥氏(Coriolis)惯性力(液体发动机内流动液体因飞行器的转动而产生的惯性力)、变分力(由液体发动机内流体的非定常运动引起的力)等。

在研究弹目相对运动学时,为了简化分析,习惯于把弹目相对运动方程建立在极坐标系中,以极坐标(R,q)来描述飞行器和目标的相对位置,并忽略飞行器和目标的姿态变化。

在分析导引弹道特性时,常做以下假设:

(1)将飞行器、目标和制导站运动看作质点运动,忽略其姿态运动。

(2)假设目标和制导站的运动速度和方向已知。

(3)假设飞行器的速度大小已知,方向随导引关系变化。

(4)假设制导系统理想工作。

》》2.2.1 飞行器运动方程组

采用固化原理后,某一研究瞬时的变质量飞行器运动方程可简化成常质量刚体的方程形式,用该瞬时的飞行器质量$m(t)$取代原来的常质量m。关于飞行器绕质心转动的研究也可以用类似的方程处理。因此,飞行器运动方程的向量表达式可写为

$$\begin{cases} m(t)\dfrac{\mathrm{d}\boldsymbol{V}}{\mathrm{d}t} = \boldsymbol{F} \\ \dfrac{\mathrm{d}\boldsymbol{H}}{\mathrm{d}t} = \boldsymbol{M} \end{cases} \quad (2-1)$$

式中:$\boldsymbol{V}$为飞行器速度向量;$\boldsymbol{H}$为动量矩;$\boldsymbol{F}$为作用在飞行器上的外力;$\boldsymbol{M}$为作用在飞行器上的外力对质心的力矩。

为进一步简化分析,将大地视为静止的平面,即不考虑地球的曲率和旋转。下面给出飞行器飞行的运动方程组,如式(2-2)所示。

$$\begin{cases} m\dfrac{\mathrm{d}V}{\mathrm{d}t} = P\cos\alpha - X - mg\sin\theta \\[4pt] mV\dfrac{\mathrm{d}\theta}{\mathrm{d}t} = P(\sin\alpha\cos\gamma_V + \cos\alpha\sin\beta\sin\gamma_V) + Y\cos\gamma_V - Z\sin\gamma_V - mg\cos\theta \\[4pt] mV\cos\theta\dfrac{\mathrm{d}\psi_V}{\mathrm{d}t} = P(\sin\alpha\sin\gamma_V - \cos\alpha\sin\beta\cos\gamma_V) + Y\sin\gamma_V + Z\cos\gamma_V \\[4pt] J_x\dfrac{\mathrm{d}\omega_x}{\mathrm{d}t} + (J_z - J_y)\omega_y\omega_z = M_x \\[4pt] J_y\dfrac{\mathrm{d}\omega_y}{\mathrm{d}t} + (J_x - J_z)\omega_z\omega_x = M_y \\[4pt] J_z\dfrac{\mathrm{d}\omega_z}{\mathrm{d}t} + (J_y - J_x)\omega_x\omega_y = M_z \\[4pt] \dfrac{\mathrm{d}x}{\mathrm{d}t} = V\cos\theta\cos\psi_V \\[4pt] \dfrac{\mathrm{d}y}{\mathrm{d}t} = V\sin\theta \\[4pt] \dfrac{\mathrm{d}z}{\mathrm{d}t} = -V\cos\theta\sin\psi_V \\[4pt] \dfrac{\mathrm{d}\vartheta}{\mathrm{d}t} = \omega_y\sin\gamma + \omega_z\cos\gamma \\[4pt] \dfrac{\mathrm{d}\psi}{\mathrm{d}t} = \dfrac{1}{\cos\vartheta}(\omega_y\cos\gamma - \omega_z\sin\gamma) \\[4pt] \dfrac{\mathrm{d}\gamma}{\mathrm{d}t} = \omega_x - \tan\vartheta(\omega_y\cos\gamma - \omega_z\sin\gamma) \\[4pt] \dfrac{\mathrm{d}m}{\mathrm{d}t} = -m_S \\[4pt] \sin\beta = \cos\theta[\cos\gamma\sin(\psi - \psi_V) + \sin\vartheta\sin\gamma\cos(\psi - \psi_V)] - \sin\theta\cos\vartheta\sin\gamma \\[4pt] \cos\alpha = [\cos\vartheta\cos\theta\cos(\psi - \psi_V) + \sin\vartheta\sin\theta]/\cos\beta \\[4pt] \cos\gamma_V = [\cos\gamma\cos(\psi - \psi_V) - \sin\vartheta\sin\gamma\sin(\psi - \psi_V)]/\cos\beta \\[4pt] \varepsilon_1 = 0 \\[4pt] \varepsilon_2 = 0 \\[4pt] \varepsilon_3 = 0 \\[4pt] \varepsilon_4 = 0 \end{cases}$$

(2-2)

式中：各变量解释说明如表 2-1 所列。

表 2-1 变量解释说明

变量	含义
M	飞行器质量
V	飞行器飞行速度
α,β	攻角，侧滑角
θ,ψ_V,γ_V	航迹倾角，航迹偏角，速度滚转角
ϑ,ψ,γ	姿态角：俯仰角，偏航角，滚转角
X,Y,Z	空气动力：阻力，升力，侧向力
J_x,J_y,J_z	飞行器对弹体坐标系各轴的转动惯量
M_x,M_y,M_z	作用于飞行器上的外力对质心的力矩在弹体坐标系各轴的分量
$\omega_x,\omega_y,\omega_z$	飞行器转动角速度在弹体坐标系各轴的分量
x,y,z	飞行器质心相对于地面坐标系 $Axyz$ 的位置坐标
m_S	燃料秒流量
$\varepsilon_1,\varepsilon_2,\varepsilon_3,\varepsilon_4$	理想操纵关系方程

下面对理想操纵关系方程进一步分析说明。

严格来说，在设计飞行器弹道时，需要综合考虑飞行器的运动方程和控制系统加在飞行器上的约束方程，问题较为复杂。不过在飞行器初步设计时，可做近似处理，即假设控制系统是按"无误差工作"的理想控制系统，运动参数能保持按导引关系所要求的变化规律，即有 4 个理想控制关系式：

$$\varepsilon_1=0,\varepsilon_2=0,\varepsilon_3=0,\varepsilon_4=0 \qquad (2-3)$$

例如，当轴对称飞行器做匀速直线飞行时，理想操纵关系方程为

$$\begin{cases} \varepsilon_1 = \theta - \theta_* = 0 \\ \varepsilon_2 = \psi - \psi_* = 0 \\ \varepsilon_3 = \gamma = 0 \\ \varepsilon_4 = V - V_* = 0 \end{cases} \qquad (2-4)$$

式(2-2)用了 20 个方程来描述飞行器的空间运动，一般来说，飞行器运动方程组的方程数目越多，飞行器运动描述得越完整、越精确，但研究和解算也相对复杂。在飞行器和制导系统的初步设计阶段，常应用一些近似方法对飞行器运动方程组进行简化分析。

如果仅考虑飞行器与目标之间的相对运动关系，可将飞行器与目标等效为质点，三维空间下飞行器相对运动关系如图 2-2 所示。

此时可建立惯性坐标系下的质点相对运动学关系方程：

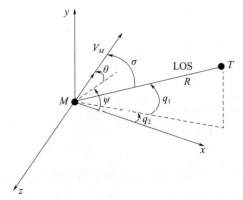

图2-2　三维相对运动关系示意图

$$\begin{cases} \dot{x}_M = V_M\cos\theta\cos\psi \\ \dot{y}_M = V_M\sin\theta \\ \dot{z}_M = -V_M\cos\theta\cos\psi \end{cases} \quad (2-5)$$

式中：x_M、y_M 和 z_M 分别为飞行器位置向量在坐标系 $oxyz$ 中 ox、oy 和 oz 轴上的分量；航迹倾角 θ 定义为飞行器速度向量与水平面 oxy 的夹角，规定向上倾斜时，θ 为正，反之为负；航迹偏角 ψ 定义为飞行器速度向量在水平面上的投影与 ox 轴之间的夹角，规定航迹向右偏转时，ψ 为正，反之为负。

飞行器的质心运动方程可进一步转换成如下形式：

$$\begin{cases} \dot{R} = -V_M\cos\theta\cos\psi \\ R\dot{q}_1 = -V_M\sin\theta \\ R\dot{q}_2\cos q_1 = -V_M\sin\theta\sin\psi \end{cases} \quad (2-6)$$

航迹倾角和航迹偏角的动态方程可表示为：

$$\begin{cases} \dot{\theta} = \dfrac{a_y}{V_M} + \dfrac{1}{R}V_M\cos\theta\sin^2\psi\tan q_1 + \dfrac{1}{R}V_M\sin\theta\cos\psi \\ \dot{\psi} = \dfrac{a_z}{V_M\cos\theta} + \dfrac{V_M\sin\psi}{R\cos\theta} - \dfrac{V_M}{R}\sin\theta\cos\psi\tan q_1\sin\psi \end{cases} \quad (2-7)$$

式中：a_y、a_z 分别为飞行器的俯仰、偏航加速度。

飞行器与目标距离、视线倾角和视线偏角可通过以下关系获得：

$$\begin{cases} R = \sqrt{(x_T - x_M)^2 + (y_T - y_M)^2 + (z_T - z_M)^2} \\ q_1 = \arctan\dfrac{y_T - y_M}{\sqrt{(x_T - x_M)^2 + (z_T - z_M)^2}} \\ q_2 = -\arctan\dfrac{z_T - z_M}{x_T - x_M} \end{cases} \quad (2-8)$$

三者的动态变化方程可表示为

$$\begin{cases} \dot{R} = (\dot{x}_T - \dot{x}_M)\cos q_2 \cos q_1 + (\dot{y}_T - \dot{y}_M)\sin q_1 - (\dot{z}_T - \dot{z}_M)\sin q_2 \cos q_1 \\ \dot{q}_1 = \dfrac{-(\dot{x}_T - \dot{x}_M)\sin q_1 \cos q_2 + (\dot{y}_T - \dot{y}_M)\cos q_1 + (\dot{z}_T - \dot{z}_M)\sin q_1 \sin q_2}{R} \\ \dot{q}_2 = \dfrac{-(\dot{x}_T - \dot{x}_M)\sin q_2 - (\dot{z}_T - \dot{z}_M)\cos q_2}{R\cos q_1} \end{cases}$$

(2-9)

在一定的假设条件下,可将飞行器运动方程组分解为纵向运动和侧向运动方程组,以简化求解过程。

将飞行器运动方程组分解为纵向运动和侧向运动方程组的假设条件如下:

(1)侧向运动参数 $\beta, \gamma, \gamma_V, \psi, \psi_V, \omega_x, \omega_y, z$ 及舵偏角 δ_x, δ_y 均为小量。

(2)飞行器基本上在某个铅垂面内飞行,即其飞行航迹与铅垂面内的航迹差别不大。

(3)俯仰操纵机构的偏转仅取决于纵向运动参数;偏航、滚转操纵机构的偏转仅取决于侧向运动参数。

下面分别给出飞行器纵向运动方程组和侧向运动方程组。

1. 纵向运动方程组

$$\begin{cases} m\dfrac{dV}{dt} = P\cos\alpha - X - mg\sin\theta \\ mV\dfrac{d\theta}{dt} = P\sin\alpha + Y - mg\cos\theta \\ J_z\dfrac{d\omega_z}{dt} = M_z \\ \dfrac{dx}{dt} = V\cos\theta \\ \dfrac{dy}{dt} = V\sin\theta \\ \dfrac{d\vartheta}{dt} = \omega_z \\ \dfrac{dm}{dt} = -m_S \\ \alpha = \vartheta - \theta \\ \varepsilon_1 = 0 \\ \varepsilon_4 = 0 \end{cases}$$

(2-10)

飞行器纵向运动方程组(2-10),即为描述飞行器在铅垂平面内运动的方程组,其有10个方程,10个未知参数,可以独立求解。

2. 侧向运动方程组

$$\begin{cases} -mV\cos\theta\dfrac{\mathrm{d}\psi_V}{\mathrm{d}t} = P(\sin\alpha + Y)\sin\gamma_V - (P\cos\alpha\sin\beta - Z)\cos\gamma_V \\ J_x\dfrac{\mathrm{d}\omega_x}{\mathrm{d}t} = M_x - (J_z - J_y)\omega_y\omega_z \\ J_y\dfrac{\mathrm{d}\omega_y}{\mathrm{d}t} = M_y - (J_x - J_z)\omega_z\omega_x \\ \dfrac{\mathrm{d}z}{\mathrm{d}t} = -V\cos\theta\sin\psi_V \\ \dfrac{\mathrm{d}\psi}{\mathrm{d}t} = \dfrac{1}{\cos\vartheta}(\omega_y\cos\gamma - \omega_z\sin\gamma) \\ \dfrac{\mathrm{d}\gamma}{\mathrm{d}t} = \omega_x - \tan\vartheta(\omega_y\cos\gamma - \omega_z\sin\gamma) \\ \sin\beta = \cos\theta[\cos\gamma\sin(\psi - \psi_V) + \sin\vartheta\sin\gamma\cos(\psi - \psi_V)] - \sin\theta\cos\vartheta\sin\gamma \\ \cos\gamma_V = [\cos\gamma\cos(\psi - \psi_V) - \sin\vartheta\sin\gamma\sin(\psi - \psi_V)]/\cos\beta \\ \varepsilon_2 = 0 \\ \varepsilon_3 = 0 \end{cases}$$

$$(2-11)$$

飞行器侧向运动方程组(2-11)同样有10个方程,但此时未知参数个数大于方程数,方程组不能独立求解,应首先根据式(2-10)求解飞行器纵向运动参数,然后将所求得的纵向运动参数带入式(2-11)中,才可求解得到飞行器侧向运动参数。

2.2.2 自动寻的制导弹目相对运动方程

自动寻的制导的弹目相对运动方程即为描述飞行器与目标之间相对运动关系的方程。在实际应用中,常将三维惯性空间中的弹目相对运动关系投影到弹目视线所在的铅垂面和水平面,分别得到纵向攻击平面和侧向攻击平面内的弹目相对运动方程。以纵向攻击平面为例,建立自动寻的制导的弹目相对运动方程。纵向攻击平面内弹目相对位置关系如图2-3所示。

R 表示飞行器(M)与目标(T)之间的相对距离,当飞行器命中目标时,$R = 0$。飞行器和目标的连线$\overline{MT}$称为目标瞄准线,简称目标线或瞄准线。$\overline{Mx}$为攻击平面内某一基准线,可任意选择,其位置的不同选择不会影响飞行器与目标之间的相对运动特性,只会影响相对运动方程的繁简程度。为简化分析,一般选择攻击平面内的水平线作为基准线。

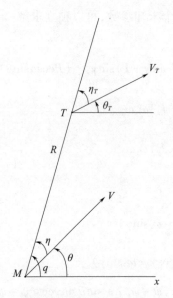

图 2-3　纵向攻击平面内弹目相对位置关系

q 表示目标瞄准线与攻击平面内基准线 $\overline{Mx}$ 之间的夹角，称为目标线方位角（简称视线角），从基准线逆时针转向目标瞄准线为正。

θ 和 θ_T 分别表示飞行器速度向量、目标速度向量与基准线 $\overline{Mx}$ 之间的夹角，由基准线逆时针转向速度向量为正。对于纵向攻击平面，θ 即为航迹倾角；对于侧向攻击平面，θ 即为航迹偏角 ψ_V。

η 和 η_T 分别表示飞行器速度向量、目标速度向量与目标瞄准线之间的夹角，称为飞行器前置角和目标前置角。速度向量逆时针转向目标瞄准线时，前置角为正。

由图 2-3，弹目相对距离 R 的变化率 dR/dt 等于目标速度向量和飞行器速度向量分别投影在目标瞄准线上分量的代数和。其中，飞行器速度向量 V 投影在目标瞄准线上的分量为 $V\cos\eta$，其方向是指向目标的，使弹目相对距离 R 缩短；目标速度向量 V_T 投影在目标瞄准线上的分量为 $V_T\cos\eta_T$，其方向是远离飞行器的，使弹目相对距离 R 增大。因此，弹目相对距离 R 的变化率 dR/dt 为

$$\frac{dR}{dt} = V_T\cos\eta_T - V\cos\eta \tag{2-12}$$

由理论力学知识可知，目标瞄准线的旋转角速度 dq/dt 等于目标速度向量和飞行器速度向量分别投影在目标瞄准线法线方向上分量的代数和与弹目相对距离 R 的比值。飞行器速度向量 V 投影在目标瞄准线法线方向上的分量为 $V\sin\eta$，使目标瞄准线绕目标所在位置为原点逆时针旋转，视线角 q 增大；目标速度向量 V_T 投影在目标瞄准线法线方向上的分量为 $V_T\sin\eta_T$，使目标瞄准线以飞

行器所在位置为原点顺时针旋转,视线角 q 减小。因此,目标瞄准线的旋转角速度 $\mathrm{d}q/\mathrm{d}t$ 为

$$\frac{\mathrm{d}q}{\mathrm{d}t} = \frac{1}{R}(V\sin\eta - V_T\sin\eta_T) \tag{2-13}$$

再考虑如图 2-3 所示的几何关系,可得自动寻的制导的弹目相对运动方程为

$$\begin{cases} \dfrac{\mathrm{d}R}{\mathrm{d}t} = V_T\cos\eta_T - V\cos\eta \\ R\dfrac{\mathrm{d}q}{\mathrm{d}t} = V\sin\eta - V_T\sin\eta_T \\ q = \theta + \eta \\ q = \theta_T + \eta_T \end{cases} \tag{2-14}$$

上述方程组中共包含 8 个参数:R、q、V、θ、η、V_T、θ_T、η_T。在研究导引关系时,常假设 V、V_T、θ_T 3 个参数已知,R、q、θ、η、η_T 5 个参数未知,因此上述方程组在理论上有无穷多解,即对应无穷多条弹道。

导引关系可确定一个约束条件,即补充一个方程:

$$f(R, q, \theta, \eta, \eta_T) = 0 \tag{2-15}$$

基于弹目相对运动学和飞行力学可知,导引关系在机理上可表示为基于某种策略的追踪,即通过调整飞行器弹道法线方向来改变飞行器飞行方向,以期与目标在惯性空间相遇。因此,导引关系方程为 θ 或 q 的约束方程,表示为

$$f(q, \dot{q}, \theta, \dot{\theta}) = 0 \tag{2-16}$$

取不同形式的约束方程,即对应不同的制导律。当约束方程确定后,刚好 5 个方程对应 5 个未知变量,在初值确定的情况下,即可唯一确定导引弹道。

自动寻的制导常见的导引方法有:追踪法、平行接近法、比例导引法等,相应的导引关系方程如下。

(1) 追踪法:$\eta = 0$。
(2) 平行接近法:$q = q_0 = $ 常数,$\dot{q} = 0$。
(3) 比例导引法:$\dot{\theta} = K\dot{q}$。

关于导引方法部分内容在后面章节进行详细介绍。

2.2.3 遥控制导相对运动方程

遥控制导的相对运动方程与飞行器、目标、制导站三者的运动状态有关。并且,制导站可能是固定不动的(如地空飞行器的制导站通常是在地面固定不动的),也可能是运动的(如空空导弹或空地导弹的制导站在载机上)。因此,相比自动寻的制导,建立遥控制导的相对运动方程还需考虑制导站运动状态的影响。在进行遥控制导导引弹道特性分析时,同样将制导站也看作质点,且其运动状态

为已知的时间函数。为简化分析,假设飞行器、目标、制导站均在纵向攻击平面内运动。

与自动寻的制导的相对运动方程建立过程类似,遥控制导的相对运动方程是通过飞行器与制导站之间的相对运动关系和目标与制导站之间的相对运动关系来描述的。假设某一时刻,飞行器(M)、目标(T)、制导站(S)的相对运动关系如图 2 - 4 所示。

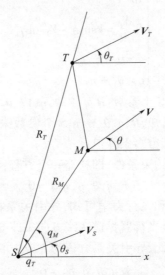

图 2 - 4　纵向平面内飞行器、目标、制导站的相对运动关系

在此,同样选择攻击平面内的水平线$\overline{Sx}$作为基准线。R_M表示飞行器与制导站的相对距离,R_T表示目标与制导站的相对距离。θ、θ_T、θ_S分别表示飞行器、目标、制导站的速度向量V、V_T、V_S与基准线$\overline{Sx}$之间的夹角,由基准线逆时针转向速度向量为正。q_M、q_T分别表示飞行器 - 制导站连线、目标 - 制导站连线与攻击平面内基准线$\overline{Sx}$之间的夹角,从基准线逆时针转向连线为正。

根据图 2 - 4,类比自动寻的制导相对运动方程组的建立过程,得到遥控制导的相对运动方程组如下:

$$\begin{cases} \dfrac{\mathrm{d}R_M}{\mathrm{d}t} = V\cos(q_M - \theta) - V_S\cos(q_M - \theta_S) \\ R_M \dfrac{\mathrm{d}q_M}{\mathrm{d}t} = V_S\sin(q_M - \theta_S) - V\sin(q_M - \theta) \\ \dfrac{\mathrm{d}R_T}{\mathrm{d}t} = V_T\cos(q_T - \theta_T) - V_S\cos(q_T - \theta_S) \\ R_T \dfrac{\mathrm{d}q_T}{\mathrm{d}t} = V_S\sin(q_T - \theta_S) - V_T\sin(q_T - \theta_T) \end{cases} \quad (2-17)$$

同样,上述遥控制导的相对运动方程组还缺少一个导引关系约束方程,有了这个方程才可唯一确定导引弹道。

遥控制导常见的导引方法有:三点法、前置量法等。相应的导引关系约束方程如下。

(1)三点法:$q_M - q_T$。

(2)前置量法:$q_M - q_T = C_q(R_T - R_M)$。

关于导引方法部分内容在后面章节进行详细介绍。

2.2.4 导引弹道的求解

由自动寻的制导和遥控制导的相对运动方程组可知,弹目相对运动特性主要与以下因素有关。

(1)目标的运动特性,如飞行高度、速度及机动性能。

(2)飞行器飞行速度的变化规律。

(3)制导站的运动状态。

(4)飞行器所采用的导引方法。

其中,目标的运动特性在飞行器研制过程中是未知的,一般只能根据战术技术要求所确定的目标类型,在其性能范围内选取几种典型的运动特性。不过只要目标的典型运动特性选取合适,飞行器的导引弹道特性即可被大致估算出来。因此,研究导引弹道特性时,目标的运动特性可认为是已知的。

目标的典型运动特性如下。

(1)目标静止:$V_T = 0, a_T = 0$。

(2)目标匀速运动:$V_T = V_0, a_T = 0$。

(3)目标在纵向平面内加速或减速运动:$V_T = V_0 + a_T \times t, a_T \neq 0$。

(4)目标在铅垂面或水平面内正弦运动:$a_T = a_0 \sin(bot)$。

(5)目标在水平面内 bang–bang 运动:$a_T = a_0 \text{sign}[\sin(bot)]$。

(6)或是以上几种运动的组合。

对于飞行器飞行速度的变化规律,其取决于飞行器的气动外形、结构参数和发动机特性等多方面因素,由飞行器六自由度动力学及运动学方程组求解得出。不过,在研究弹目相对运动特性及制导律时,一般采用较为简单的运动学方程,可采用近似计算方法预先求出飞行器速度的变化规律。因此,速度可作为时间的已知函数。由于相对运动方程组中未考虑动力学方程,仅需单独求解相对运动方程组,因此单独求解该方程组所得的飞行器轨迹,称为运动学弹道。

相对运动方程组的求解可以采用数值积分法、解析法或图解法。

1) 数值积分法

由自动寻的制导和遥控制导的弹目相对运动方程组可以发现,方程组中都含有微分方程。对微分方程组的求解常采用数值积分法,给定一组初值可以得到相应的一组方程组的特解(但得不到包含任意特定常数的一般解)。数值积分法的优点是可获得飞行器运动参数随时间变化的规律及相应的导引弹道,求得任何飞行情况下的运动轨迹。其缺点是计算工作量较大,不过高速计算机的出现,使数值解可以得到较高的计算精度,并大大提高计算效率。

2) 解析法

解析法即为采用解析式表达的方法。然而,只有在特定条件下才能得到满足一定初始条件的解析解,其中最基本的假设是飞行器和目标在同一攻击平面内运动,目标做等速直线飞行,飞行器速度为常值。该特定条件在实际上是很少见的,不过解析解可以提供导引方法的某些一般性能。

3) 图解法

图解法较为简单直观,但精度相对较低。其也是在目标运动特性和飞行器速度已知的条件下进行的,所得到的弹道为给定初值条件下的运动学弹道。下面分别以自动寻的制导的追踪法和遥控制导的三点法为例,分别针对相对弹道和绝对弹道,简单介绍图解法的求解步骤。

(1) 追踪法的相对弹道图解法。

为简化分析,假设目标做匀速直线飞行,飞行器做匀速飞行。作图时,假定目标固定不动,根据追踪法的导引关系方程,飞行器速度向量 V 应始终指向目标。起始点飞行器的相对速度 $V_r = V - V_T$,飞行器相对目标的位置 M_0,这样即可得经过 1s 时飞行器相对于目标的位置 M_1 点,以此类推可得各瞬时飞行器相对目标的位置 M_2、M_3 等。最后,光滑连接 M_0、M_1、M_2、M_3 等各点,即可得到采用追踪法时的导引弹道,如图 2-5 所示。图示弹道为飞行器相对目标的运动轨迹,称相对弹道。

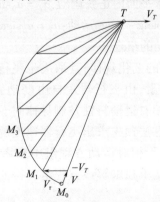

图 2-5 追踪法的相对弹道图解法

(2)三点法的绝对弹道图解法。

首先取适当的时间间隔,将目标各瞬时的位置 T_0、T_1、T_2、T_3 标注出来,然后做目标各瞬时位置与制导站的连线。根据三点法的导引关系,导引系统应使飞行器时刻处于制导站与目标的连线上。在初始点,不妨假设飞行器和制导站均位于 M_0 位置。经 Δt 时间后,飞行器飞行 $V\Delta t$ 距离至 M_1 位置,而 M_1 又在 $\overline{M_0 T_1}$ 的连线上,那么 M_1 位置即被确定,同理确定飞行器之后的 M_2、M_3 等位置。最后用光滑曲线连接 M_1、M_2、M_3 等各点,即得到三点法导引的运动学弹道,如图 2-6 所示。飞行器飞行速度方向沿轨迹各点的切线方向,图示弹道为飞行器相对地面坐标系的运动轨迹,称绝对弹道。

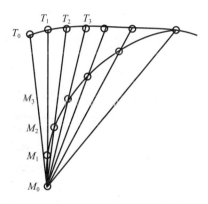

图 2-6　三点法的绝对弹道图解法

2.3　飞行器的机动性与过载

飞行器的机动性是评价飞行器飞行性能的重要指标之一,可以用过载来评定。过载特性是评定导引方法优劣的重要标志之一,过载的大小直接影响制导系统的工作条件和导引误差,同样也是计算飞行器弹体结构强度的重要条件。

2.3.1　机动性与过载的基本概念

机动性是指飞行器在单位时间内改变飞行速度大小和方向的能力。对于打击机动目标,要求飞行器具有良好的机动性。飞行器的机动性可以用切向和法向加速度来表征,更为常用的是用过载向量来评定飞行器的机动性。

过载是指作用在飞行器上除重力之外的所有外力的合力 N(即控制力)与飞行器重量 G 的比值:

$$n = \frac{N}{G} \qquad (2-18)$$

根据过载的定义可知，过载是向量，其方向与控制力 N 的方向一致，其模值表示控制力大小为重量的多少倍，即过载向量表征了控制力 N 的大小和方向。

在后续关于导引弹道的运动学分析中，过载这一概念还有另外的定义，将过载定义为作用在飞行器上所有外力的合力（包括重力）与飞行器重量 G 的比值，用 n' 表示，即

$$n' = \frac{N+G}{G} \qquad (2-19)$$

显然，在同样的情况下，过载定义不同，其值也不同。

2.3.2 过载在不同坐标系下的投影

在讨论过载向量的大小和方向时，通常根据不同的研究目标将其投影在不同的坐标系下。在研究飞行器运动的机动性时，需要将过载向量投影在弹道坐标系 $Ox_2y_2z_2$ 下；在研究弹体或部件受力情况和进行强度分析时，需要将过载向量投影在弹体坐标系 $Ox_1y_1z_1$ 下。

根据过载定义及飞行器质心动力学方程，可得过载向量 n 在速度坐标系 $Ox_3y_3z_3$ 各轴上的投影为

$$\begin{bmatrix} n_{x3} \\ n_{y3} \\ n_{z3} \end{bmatrix} = \frac{1}{mg} \begin{bmatrix} P\cos\alpha\cos\beta - X \\ P\sin\alpha + Y \\ -P\cos\alpha\sin\beta + Z \end{bmatrix} \qquad (2-20)$$

式中：m 为飞行器质量；g 为重力加速度；P 为推力；X 为阻力；Y 为升力；Z 为侧向力；α 为攻角；β 为侧滑角。

根据速度坐标系和弹道坐标系的转换关系，可得过载向量 n 在弹道坐标系 $Ox_2y_2z_2$ 各轴上的投影为

$$\begin{bmatrix} n_{x2} \\ n_{y2} \\ n_{z2} \end{bmatrix} = L(\gamma_V) \begin{bmatrix} n_{x3} \\ n_{y3} \\ n_{z3} \end{bmatrix} = \frac{1}{mg} \begin{bmatrix} P\cos\alpha\cos\beta - X \\ P(\sin\alpha\cos\gamma_V + \cos\alpha\sin\beta\sin\gamma_V) + Y\cos\gamma_V - Z\sin\gamma_V \\ P(\sin\alpha\sin\gamma_V + \cos\alpha\sin\beta\cos\gamma_V) + Y\sin\gamma_V - Z\cos\gamma_V \end{bmatrix}$$

$$(2-21)$$

式中：γ_V 为速度滚转角，定义为 Oy_2 轴与 Oy_3 轴的夹角；$L(\gamma_V)$ 为速度坐标系到弹道坐标系的转换矩阵，其具体表达式在此不再详细阐述。

过载向量在速度方向上的投影 n_{x2}、n_{x3} 称为切向过载；过载向量在垂直于速度方向上的投影 n_{y2}、n_{z2} 和 n_{y3}、n_{z3} 称为法向过载。

飞行器的机动性可以用切向过载和法向过载来评定。切向过载越大，飞行

器产生的切向加速度越大,表面飞行器改变速度大小的能力越强;法向过载越大,飞行器产生的法向加速度越大,在同一速度下改变飞行方向的能力就越强,即飞行器的弹道可以具有较大的弯曲程度。因此,飞行器过载越大,其机动性就越好。

2.3.3 过载与弹道特性的关系

根据上一小节的分析,过载可以用来评定飞行器的机动性。本节对过载与飞行器弹道特性之间的关系进行分析。

根据过载的定义,可将飞行器质心的动力学方程写成过载描述的形式:

$$\begin{cases} m\dfrac{dV}{dt} = N_{x2} - mg\sin\theta \\ mV\dfrac{d\theta}{dt} = N_{y2} - mg\cos\theta \\ -mV\cos\theta\dfrac{d\psi_V}{dt} = N_{z2} \end{cases} \quad (2-22)$$

式中:V 为飞行器速度;θ 为航迹倾角;ψ_V 为航迹偏角;N_{x2}、N_{y2}、N_{z2} 为控制力在弹道坐标系三轴上的投影。

将式(2-22)方程两端同时除以飞行器重量 mg,整理得:

$$\begin{cases} n_{x2} = \dfrac{1}{g}\dfrac{dV}{dt} + \sin\theta \\ n_{y2} = \dfrac{V}{g}\dfrac{d\theta}{dt} + \cos\theta \\ n_{z2} = -\dfrac{V}{g}\cos\theta\dfrac{d\psi_V}{dt} \end{cases} \quad (2-23)$$

由式(2-23)可以看出,等号右端为飞行器运动参数 V、θ、ψ_V,即反映了飞行器飞行速度的大小和方向。因此,过载向量在弹道坐标系上的投影可以表征飞行器改变飞行速度大小和方向的能力。

下面,将式(2-23)改写为以下形式,分析过载与弹道特性之间的关系。

$$\begin{cases} \dfrac{dV}{dt} = g(n_{x2} - \sin\theta) \\ \dfrac{d\theta}{dt} = \dfrac{g}{V}(n_{y2} - \cos\theta) \\ \dfrac{d\psi_V}{dt} = -\dfrac{g}{V\cos\theta}n_{z2} \end{cases} \quad (2-24)$$

由式(2-24)可以得到如下结论:

(1)当 $n_{x2} = \sin\theta$ 时,则 $\dfrac{dV}{dt} = 0$,飞行器做等速飞行;当 $n_{x2} > \sin\theta$ 时,则 $\dfrac{dV}{dt} > 0$,

飞行器做加速飞行；当 $n_{x2} < \sin\theta$ 时，则 $\dfrac{\mathrm{d}V}{\mathrm{d}t} < 0$，飞行器做减速飞行。

（2）在铅垂平面内：当 $n_{y2} = \cos\theta$ 时，则 $\dfrac{\mathrm{d}\theta}{\mathrm{d}t} = 0$，弹道在该点的曲率为零；当 $n_{y2} > \cos\theta$ 时，则 $\dfrac{\mathrm{d}\theta}{\mathrm{d}t} > 0$，弹道向上弯曲；当 $n_{y2} < \cos\theta$ 时，则 $\dfrac{\mathrm{d}\theta}{\mathrm{d}t} < 0$，弹道向下弯曲。铅垂平面内过载与弹道特性之间的关系如图 2-7 所示。

（3）在水平面内：当 $n_{z2} = 0$ 时，则 $\dfrac{\mathrm{d}\psi_V}{\mathrm{d}t} = 0$，弹道在该点的曲率为零；当 $n_{z2} > 0$ 时，则 $\dfrac{\mathrm{d}\psi_V}{\mathrm{d}t} < 0$，弹道向右弯曲；当 $n_{z2} < 0$ 时，则 $\dfrac{\mathrm{d}\psi_V}{\mathrm{d}t} > 0$，弹道向左弯曲。水平面内过载与弹道特性之间的关系如图 2-8 所示。

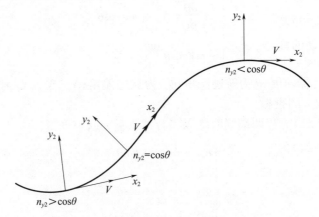

图 2-7 铅垂平面内过载与弹道特性之间的关系

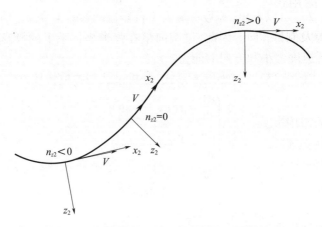

图 2-8 水平面内过载与弹道特性之间的关系

下面进一步分析弹道曲率半径与法向过载之间的关系。

假设飞行器在铅垂平面内运动,则弹道上某一点的曲率为该点处的航迹倾角 θ 对弧长 s 的导数,即

$$K = \frac{d\theta}{ds} \tag{2-25}$$

该点的曲率半径 ρ_{y2} 为曲率的倒数,即

$$\rho_{y2} = \frac{ds}{d\theta} = \frac{ds}{dt}\frac{dt}{d\theta} = \frac{V}{d\theta/dt} \tag{2-26}$$

将式(2-24)的第二式代入式(2-26),可得曲率半径与法向过载之间的关系为

$$\rho_{y2} = \frac{V^2}{g(n_{y2} - \cos\theta)} \tag{2-27}$$

由式(2-27)可知,当飞行器飞行速度一定时,法向过载越大,弹道曲率半径越小,该点处的弹道越弯曲;当法向过载一定时,弹道曲率半径随飞行器飞行速度的增加而增大,即说明飞行器速度越大越不容易转弯。

当飞行器在水平面内飞行时,同理,曲率半径 ρ_{z2} 可写为

$$\rho_{z2} = -\frac{ds}{d\psi_V} = -\frac{V}{d\psi_V/dt} \tag{2-28}$$

将式(2-24)的第三式代入上式,可得水平面内曲率半径与法向过载之间的关系为

$$\rho_{z2} = \frac{V^2 \cos\theta}{g n_{z2}} \tag{2-29}$$

2.3.4 需用过载、极限过载及可用过载

在飞行器及制导律设计过程中,经常用到需用过载、极限过载和可用过载的概念,下面对其定义和区别加以介绍。

1. 需用过载

飞行器的需用过载指飞行器按给定弹道飞行时所需要的法向过载,用 n_R 表示。飞行器的需用过载是飞行弹道的一个重要特性。

需用过载必须满足飞行器的战术技术要求,例如:对于攻击机动性较强的空中目标,则飞行器按照一定导引规律飞行时必须具有较大的法向过载(即需用过载)。从设计和制造的角度来看,希望需用过载在满足飞行器战术技术要求的前提下越小越好。需用过载越小,则飞行器在飞行过程中所承受的载荷越小,这对防止弹体结构破坏、保证弹上仪器和设备的正常工作以及减小导引误差都是有利的。

2. 极限过载

需用过载反映了问题的需求方面,极限过载则反映了可能方面。当飞行器的飞行速度和高度一定时,飞行器在飞行中所能产生的过载取决于攻角 α、侧滑角 β 以及操纵机构的偏转角。飞行器在飞行中,当攻角达到临近值 α_L 时,对应的升力系数达到最大值 C_{ymax},这是一种极限情况。若攻角继续增大则会出现"失速"现象。攻角或侧滑角达到临界值时的法向过载称为极限过载 n_L。

以纵向运动为例,相应的极限过载可写为

$$n_L = \frac{1}{mg}(P\sin\alpha_L + qSC_{ymax}) \qquad (2-30)$$

3. 可用过载

当飞行器操纵面的偏转角为最大时,飞行器所能产生的法向过载称为可用过载 n_P,表征飞行器产生法向控制力的实际能力。若要使飞行器沿着导引规律所确定的导引弹道飞行,应保证在该弹道的任一点上,飞行器所能产生的可用过载都大于需用过载。

在实际飞行过程中,由于各种干扰因素的存在,飞行器不可能完全沿着理论弹道飞行,因此在设计时应留有一定的过载余量,用以克服各种扰动因素导致的附加过载。同时,可用过载也不是越大越好,其受到弹体结构及弹上仪器设备的承载能力的制约。

由上述分析,可以得到三者的关系:极限过载 n_L > 可用过载 n_P > 需用过载 n_R。

2.4 追踪法

追踪法为较简单的导引方法,主要应用于第一代激光制导炸弹,如宝石路1和宝石路2。追踪法是指飞行器在攻击目标的导引过程中,飞行器的速度向量始终指向目标的一种导引方法。这种方法要求飞行器速度向量的前置角 η 始终等于零。即追踪法的导引关系方程为

$$\varepsilon = \eta = 0 \qquad (2-31)$$

2.4.1 追踪法弹道方程及解析解

当采用追踪法导引时,根据自动寻的制导的弹目相对运动方程组(式(2-14)),并将追踪法的导引关系方程代入,可得

$$\begin{cases} \dfrac{dR}{dt} = V_T\cos\eta_T - V \\ R\dfrac{dq}{dt} = -V_T\sin\eta_T \\ q = \theta_T + \eta_T \end{cases} \quad (2-32)$$

假设飞行器速度大小已知,目标速度大小及方向已知,则上述方程组中还有 3 个参数未知:R、q、η_T。当初始值 R_0、q_0、η_{T0} 给定时,即可用数值积分法得到相应的特解。

若要得到追踪法弹道的解析解,以了解其一般特性,须做假设:目标做等速直线飞行,飞行器速度为常值。

仍以纵向攻击平面为例推导分析,选取基准线 $\overline{Ax}$ 平行于目标的运动轨迹,则 $\theta_T = 0, q = \eta_T$。追踪法导引时弹目相对运动关系如图 2-9 所示。

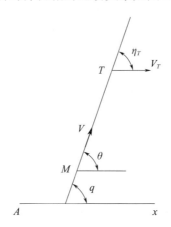

图 2-9 追踪法导引时弹目相对运动关系

则采用追踪法导引时的弹目相对运动方程组(式(2-32))可写为

$$\begin{cases} \dfrac{dR}{dt} = V_T\cos q - V \\ R\dfrac{dq}{dt} = -V_T\sin q \end{cases} \quad (2-33)$$

由上述方程组即可推导出相对弹道方程 $R = g(q)$,推导步骤如下。

用式(2-33)的第一式除以第二式可得

$$\frac{dR}{R} = \frac{V_T\cos q - V}{-V_T\sin q}dq \quad (2-34)$$

令 $p = V/V_T$,称为速度比。由于假设飞行器和目标均做等速直线运动,则 p 为一常值,将 p 代入式(2-34),得

$$\frac{\mathrm{d}R}{R} = \frac{-\cos q + p}{\sin q}\mathrm{d}q \qquad (2-35)$$

积分得

$$R = R_0 \frac{\tan^p \frac{q}{2}\sin q_0}{\tan^p \frac{q_0}{2}\sin q} \qquad (2-36)$$

令:

$$c = R_0 \frac{\sin q_0}{\tan^p \frac{q_0}{2}} \qquad (2-37)$$

式中:R_0、q_0 为开始导引瞬时飞行器相对于目标的距离和视线角。最后即得到以目标为原点的极坐标形式的相对弹道方程为

$$R = c\frac{\tan^p \frac{q}{2}}{\sin q} = c\frac{\sin^{(p-1)} \frac{q}{2}}{2\cos^{(p+1)} \frac{q}{2}} \qquad (2-38)$$

由极坐标形式的相对弹道方程即可画出采用追踪法导引时的相对弹道(又称追踪曲线)。步骤如下:

(1)求命中目标时的 q_f 值。当命中目标时,$R_f = 0$,当 $p > 1$ 时,由相对弹道方程(式(2-38)),可得 $q_f = 0$。

(2)在 q_0 与 q_f 之间取一系列 q 值,由目标所在位置(T)相应引出射线。

(3)将一系列 q 值分别代入相对弹道方程(式(2-38))中,即可得相对应的 R 值,并在射线上截取相应线段长度,则可得到飞行器的对应位置。

(4)逐点描绘即得到飞行器的相对弹道。

2.4.2 追踪法命中目标的条件

根据采用追踪法导引时的弹目相对运动方程组(式(2-33))的第 2 式可以看出:$\dot{q}$ 和 q 的符号总是相反的。这说明,不论初始的弹目视线角为何值,飞行器在整个导引过程中,$|q|$是不断减小的,即飞行器总要绕到目标的正后方去命中目标。因此,$q \to 0$。

根据式(2-38)可以看出:

(1)当弹目速度比 $p > 1$,即 $V > V_T$ 时,且 $q \to 0$,则 $R \to 0$,飞行器可以命中目标。

(2)当弹目速度比 $p = 1$,即 $V = V_T$ 时,且 $q \to 0$,则 $R \to R_0 \dfrac{\sin q_0}{2\tan^p \dfrac{q_0}{2}}$,飞行器不

(3)当弹目速度比 $p<1$,即 $V<V_T$ 时,且 $q\to 0$,则 $R\to\infty$,飞行器不能命中目标。

因此,只有当飞行器速度大于目标速度时,忽略弹道末段过载的限制因素,采用追踪法导引时才可直接命中目标;若飞行器速度等于或小于目标速度,则飞行器与目标之间最终将保持一定距离或距离不断增大而无法直接命中目标。综上,飞行器直接命中目标的必要条件是飞行器速度大于目标速度。

2.4.3 追踪法弹道的过载特性

2.4.2节对追踪法命中目标的条件进行了分析,在忽略弹道末段过载限制因素的前提下给出了相应结论。而过载特性是评定导引方法优劣的重要标志之一,过载的大小直接影响制导系统的工作条件和导引误差,同样也是计算飞行器弹体结构强度的重要条件。飞行器沿导引弹道飞行时,需用法向过载必须小于可用法向过载,否则,飞行器将脱离追踪曲线并沿着可用法向过载所决定的弹道曲线飞行,在此情况下即无法实现直接命中目标。

飞行器的法向过载定义为其法向加速度与重力加速度的比值,即:

$$n_y = \frac{a_y}{g} \qquad (2-39)$$

式中:a_y 为作用在飞行器上的所有外力(包括重力)的合力所产生的法向加速度。

追踪法弹道的法向过载为

$$n_y = \frac{V}{g}\frac{\mathrm{d}\theta}{\mathrm{d}t} = \frac{V}{g}\frac{\mathrm{d}q}{\mathrm{d}t} = -\frac{VV_T\sin q}{gR} \qquad (2-40)$$

将式(2-36)代入式(2-40)得

$$n_y = -\frac{VV_T\sin q}{gR_0\dfrac{\tan^p\dfrac{q}{2}\sin q_0}{\tan^p\dfrac{q_0}{2}\sin q}} = -\frac{VV_T\tan^p\dfrac{q_0}{2}4\cos^p\dfrac{q}{2}\sin^2\dfrac{q}{2}\cos^2\dfrac{q}{2}}{gR_0\sin q_0 \sin^p\dfrac{q}{2}}$$

$$= -\frac{4VV_T}{gR_0}\frac{\tan^p\dfrac{q_0}{2}}{\sin q_0}\cos^{(p+2)}\dfrac{q}{2}\sin^{(2-p)}\dfrac{q}{2}$$

$$(2-41)$$

由于法向过载的符号仅代表方向,在此只考虑其绝对值的大小,可表示为

$$|n_y| = \frac{4VV_T}{gR_0}\left|\frac{\tan^p\frac{q_0}{2}}{\sin q_0}\cos^{(p+2)}\frac{q}{2}\sin^{(2-p)}\frac{q}{2}\right| \qquad (2-42)$$

经过上一小节的分析,在忽略弹道末段过载的限制因素的前提下,只有当飞行器速度大于目标速度时,采用追踪法导引才可直接命中目标。当飞行器命中目标时,弹目视线角趋近于 0。下面给出追踪法弹道的过载特性:

(1) 弹目速度比 $1<p<2$ 时,$\lim\limits_{q\to 0}|n_y|=0$,即飞行器弹道过载在接近目标的过程中趋近于零。

(2) 弹目速度比 $p=2$ 时,$\lim\limits_{q\to 0}|n_y|=\dfrac{4VV_T}{gR_0}\left|\dfrac{\tan^p\frac{q_0}{2}}{\sin q_0}\right|$,即飞行器弹道过载在接近目标的过程中趋于某一常值。

(3) 弹目速度比 $p>2$ 时,$\lim\limits_{q\to 0}|n_y|=\infty$,即飞行器弹道过载在接近目标的过程中趋于无穷大。

由以上分析可知,当弹目速度比 $1<p\leq 2$ 时,飞行器在有限的法向过载下可以击中目标;当 $p>2$ 时,飞行器的法向过载趋于无穷大,考虑到飞行器的姿态控制为有限带宽,会引起飞行器较大的脱靶量。

下面通过仿真进一步对采用追踪法导引时不同速度比的弹道特性进行分析。

飞行器初始条件:$X=0$,$Y=4000\text{m}$,$V=210\text{m/s}$,$\theta=-38.66°$。目标初始条件:$X=5000\text{m}$,$Y=0$,$\theta_T=0°$,V_T 分别取 0m/s,105m/s 和 52.5m/s。假设弹上姿控回路为理想工作状态,对应的速度比 p 分别为无穷大、2 和 4,仿真采用追踪法导引时不同速度比的弹道特性。仿真结果如图 2-10~图 2-15 所示。

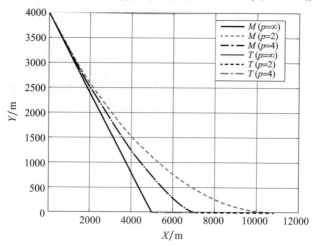

图 2-10　追踪法导引弹道

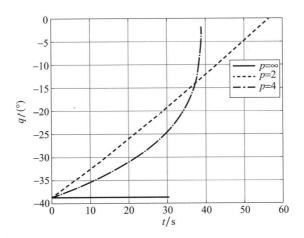

图 2-11　追踪法弹目视线角

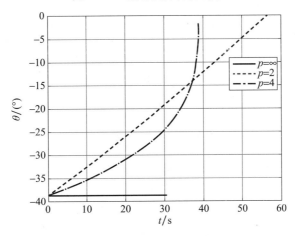

图 2-12　追踪法航迹倾角

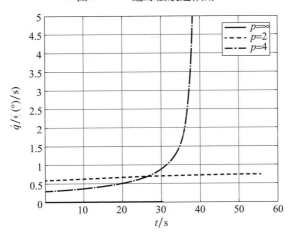

图 2-13　追踪法视线角速度

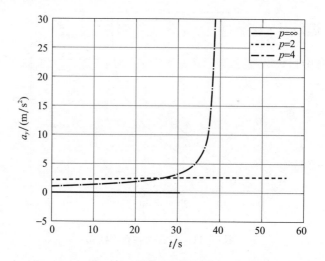

图 2-14 追踪法法向加速度

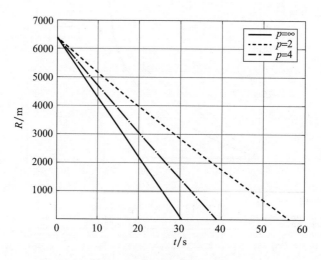

图 2-15 追踪法弹目距离

由仿真结果图 2-10 ~ 图 2-15 可得以下结论：

(1)采用追踪法导引时，飞行器都是尾随攻击目标。

(2)追踪法弹道初始段和中段的弹道弯曲程度随弹目速度比 p 变大而变平直，当 $p = \infty$ 即目标静止时，理论上导引弹道为直线。

(3)弹道末端的弯曲程度随弹目速度比 p 的增大而变弯曲，当弹目速度比 $1 < p < 2$ 时，理论上弹道末端法向加速度趋于 0，可以实现零脱靶量攻击。当弹目速度比 $p > 2$ 时，法向加速度在接近目标时趋于无穷大，将造成一定的脱靶量，但是攻击静止目标除外。

2.4.4 追踪法命中目标所需的飞行时间

飞行器命中目标所需的飞行时间直接关系到控制系统及弹体参数的选择,其是飞行器武器系统设计的必要数据。

将式(2-33)中的第1式和第2式分别乘以 $\cos q$ 和 $\sin q$,再将两式相减得:

$$\frac{\mathrm{d}R}{\mathrm{d}t}\cos q - \frac{\mathrm{d}q}{\mathrm{d}t}R\sin q = V_T - V\cos q \tag{2-43}$$

将式(2-33)中的第1式改写为

$$\cos q = \frac{\frac{\mathrm{d}R}{\mathrm{d}t} + V}{V_T} \tag{2-44}$$

将式(2-44)代入式(2-43)中,整理得

$$\frac{\mathrm{d}R}{\mathrm{d}t}(p + \cos q) - \frac{\mathrm{d}q}{\mathrm{d}t}R\sin q = V_T - pV \tag{2-45}$$

合并整理成等式两端均为微分的形式为

$$\mathrm{d}[R(p + \cos q)] = (V_T - pV)\mathrm{d}t \tag{2-46}$$

积分得

$$t = \frac{R_0(p + \cos q_0) - R(p + \cos q)}{pV - V_T} \tag{2-47}$$

将飞行器命中目标的条件,即 $R \to 0, q \to 0$ 代入式(2-47),可得采用追踪法时,飞行器命中目标所需的飞行时间为

$$t_f = \frac{R_0(p + \cos q_0)}{pV - V_T} = \frac{R_0(p + \cos q_0)}{(V - V_T)(1 + p)} \tag{2-48}$$

由式(2-48)可以看出:

(1)当飞行器迎面攻击目标时,即初始弹目视线角 $q_0 = \pi$,此时所需飞行时间为 $t_f = \dfrac{R_0}{V + V_T}$。

(2)当飞行器尾追攻击目标时,即初始弹目视线角 $q_0 = 0$,此时所需飞行时间为 $t_f = \dfrac{R_0}{V - V_T}$。

(3)当飞行器侧面攻击目标时,即初始弹目视线角 $q_0 = \dfrac{\pi}{2}$,此时所需飞行时间为 $t_f = \dfrac{R_0 p}{(V - V_T)(1 + p)}$。

因此,当 R_0、V、V_T 相同的条件下,初始弹目视线角 q_0 在 $(0, \pi)$ 的范围内,飞行器命中目标所需飞行时间与 q_0 成反比。当飞行器迎面攻击目标时,即 $q_0 = \pi$,

此时所需飞行时间最短。

2.4.5 追踪法弹道的稳定性

首先定义弹道的稳定性概念：飞行器在平衡状态下飞行时，受到外界干扰作用而偏离原来的平衡状态，外界干扰消失后，飞行器不经操纵能产生附加气动力矩，自动恢复到原弹道，则说明该弹道是稳定的；若产生的附加气动力矩使飞行器更加偏离原平衡状态，则是不稳定的。下面对追踪法弹道的稳定性进行分析。

采用追踪法导引时弹目视线角速度为

$$\frac{\mathrm{d}q}{\mathrm{d}t} = -\frac{1}{R}V_T\sin\eta_T = -\frac{1}{R}V_T\sin(q-\theta_T) \qquad (2-49)$$

令 $\dfrac{\mathrm{d}q}{\mathrm{d}t}=0$，可得弹道的平衡条件为

$$\begin{cases} q = \theta_T \\ q = \theta_T + \pi \end{cases} \qquad (2-50)$$

由追踪法弹道的平衡条件可知，可分尾追攻击和迎面攻击两种情况对其弹道稳定性进行分析。

1. 尾追攻击

尾追攻击时，追踪法弹道的平衡条件为

$$q = \theta_T \qquad (2-51)$$

假设飞行器飞行时某一时刻受到外界干扰，弹目视线角由 q 增加至 $q+\Delta q$（$\Delta q>0$），则由视线角增量 Δq 产生的视线角速度增量为

$$\begin{aligned}\Delta\frac{\mathrm{d}q}{\mathrm{d}t} &= -\frac{1}{R}V_T[\sin(q+\Delta q-\theta_T)-\sin(q-\theta_T)]\\ &\approx -\frac{1}{R}V_T[\sin(q-\theta_T)+\cos(q-\theta_T)\Delta q-\sin(q-\theta_T)]\\ &\approx -\frac{1}{R}V_T\Delta q < 0\end{aligned} \qquad (2-52)$$

即由外界干扰引起的视线角速度增量小于零，具有使飞行器恢复到原来平衡状态的趋势，因而尾追攻击时，追踪法弹道是稳定的。

2. 迎面攻击

迎面攻击时，追踪法弹道的平衡条件为

$$q = \theta_T + \pi \qquad (2-53)$$

假设飞行器飞行时某一时刻受到外界干扰，弹目视线角由 q 增加至 $q+\Delta q$（$\Delta q>0$），则由视线角增量 Δq 产生的视线角速度增量为

$$\Delta \frac{\mathrm{d}q}{\mathrm{d}t} = -\frac{1}{R}V_T[\sin(q + \Delta q - \theta_T) - \sin(q - \theta_T)]$$

$$\approx -\frac{1}{R}V_T[\sin(q - \theta_T) + \cos(q - \theta_T)\Delta q - \sin(q - \theta_T)]$$

$$\approx \frac{1}{R}V_T\Delta q > 0 \tag{2-54}$$

即由外界干扰引起的视线角速度增量大于零,使飞行器更加偏离原平衡状态,因而迎面攻击时,追踪法弹道是不稳定的。

因此,根据追踪法弹道的稳定性分析,要求采用追踪法导引时实行尾追攻击。

2.4.6 追踪法的工程实现及优缺点

追踪法是最早提出的一种导引方法,在工程技术上实现较简单,控制飞行器飞行速度方向与弹目视线方向一致即可。对于未装备惯性制导设备的制导武器,通常在弹头部分安装一个风标装置,在风标装置内安装一个目标位标器,使其轴线与风标指向平行,由于风标的指向始终沿着飞行器速度方向,当目标偏离位标器轴线时,即飞行器速度向量偏离弹目视线,此时即形成制导指令,以消除偏差,实现追踪法导引。

追踪法的优点:只需测量飞行器速度和弹目视线之间的夹角,不需要测量视线角速度,技术实现简单,部分空地飞行器、激光制导炸弹采用了这种导引方法。

追踪法的缺点:①飞行器的绝对速度方向始终指向目标,相对速度方向总是滞后于弹目视线,不论从哪个方向发射,飞行器总要绕到目标后方攻击目标,不能实现全向攻击。②在弹道末段(尤其在命中点附近),如果目标运动速度方向与弹目视线方向不一致,则追踪法弹道会严重弯曲,需用法向过载较大,要求飞行器具有很高的机动性。③考虑到可用法向过载的限制,弹目速度比受到 $1 < p \leqslant 2$ 的限制。④对于采用风标装置的导引头,在飞行器飞行过程中受到气流不稳定的干扰,风标指向会不稳定,引起较大的制导误差。

2.5 平行接近法

本章在上一节中介绍的追踪法的主要缺点在于飞行器的相对速度方向总是滞后于弹目视线,总要绕到目标后方去攻击目标,不能实现全向攻击目标。为了克服追踪法的这一缺点,新的导引方法——平行接近法被提出。平行接近法导引时弹目相对运动关系如图 2-16 所示。

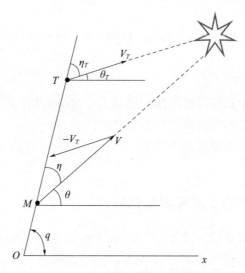

图 2-16 平行接近法导引时弹目相对运动关系

平行接近法是指飞行器在导引飞行过程中,弹目视线的方向在空间保持不变,即目标线在空间保持平行移动的一种导引方法。其导引关系方程为

$$\varepsilon = \frac{dq}{dt} = 0 \tag{2-55}$$

对式(2-55)积分,可得平行接近法的另一种写法:

$$\varepsilon = q - q_0 = 0 \tag{2-56}$$

式中:q_0 为初始弹目视线角。

⫸ 2.5.1 平行接近法弹道方程

将平行接近法的导引关系方程代入自动寻的制导的弹目相对运动方程组式(2-14),可得平行接近法的弹道方程为

$$\begin{cases} \dfrac{dR}{dt} = V_T\cos\eta_T - V\cos\eta \\ R\dfrac{dq}{dt} = V\sin\eta - V_T\sin\eta_T \\ q = \eta + \theta \\ q = \eta_T + \theta_T \\ \varepsilon = \dfrac{dq}{dt} = 0 \end{cases} \tag{2-57}$$

根据式(2-57)的第二式,代入导引关系方程式(2-55),可得

$$R \frac{dq}{dt} = V\sin\eta - V_T\sin\eta_T = 0 \qquad (2-58)$$

即

$$V\sin\eta = V_T\sin\eta_T \qquad (2-59)$$

这说明,不论目标做何种机动飞行,飞行器速度向量 V 和目标速度向量 V_T 在垂直于目标线方向上的投影相等。那么,飞行器的相对速度 V_r 正好与目标线平行,其方向始终指向目标。

2.5.2 平行接近法弹道的过载特性

将式(2-59)等式两端对时间求导,可得

$$V\cos\eta\dot{\eta} = V_T\cos\eta_T\dot{\eta}_T \qquad (2-60)$$

在此仍以纵向攻击平面为例,根据导引关系式有

$$q = \eta + \theta = \eta_T + \theta_T = 常数 \qquad (2-61)$$

因此,

$$\frac{d\eta}{dt} = -\frac{d\theta}{dt}, \frac{d\eta_T}{dt} = -\frac{d\theta_T}{dt} \qquad (2-62)$$

飞行器和目标飞行时的法向过载分别为

$$\begin{cases} n_y = \dfrac{V\dot{\theta}}{g} = \dfrac{V}{g}\dfrac{d\theta}{dt} = -\dfrac{V}{g}\dfrac{d\eta}{dt} \\ n_{yT} = \dfrac{V_T\dot{\theta}_T}{g} = \dfrac{V_T}{g}\dfrac{d\theta_T}{dt} = -\dfrac{V_T}{g}\dfrac{d\eta_T}{dt} \end{cases} \qquad (2-63)$$

则飞行器与目标飞行时法向过载之比为

$$\frac{n_y}{n_{yT}} = \frac{V\dot{\eta}}{V_T\dot{\eta}_T} = \frac{\cos\eta_T}{\cos\eta} \qquad (2-64)$$

根据式(2-59),若飞行器飞行速度大于目标飞行速度,即 $V > V_T$,则有 $\eta < \eta_T$,即 $\cos\eta > \cos\eta_T$。那么,飞行器与目标飞行时法向过载之比 $\dfrac{n_y}{n_{yT}} = \dfrac{\cos\eta_T}{\cos\eta} < 1$。

可得以下结论:采用平行接近法导引时,只要飞行器的飞行速度大于目标的飞行速度,那么飞行器的需用法向过载总是小于目标的法向过载,即飞行器弹道的弯曲程度比目标弹道的弯曲程度要小,那么,飞行器的机动性就可以小于目标的机动性。并且,随着弹目速度比 p 的增加,飞行器的需用法向过载减小,导引弹道趋于平直。

2.5.3 平行接近法的优缺点

平行接近法的优点:一是由上述分析可知,当目标机动时,飞行器飞行时的

需用过载总小于目标的机动过载,在很大程度上提高了飞行器的命中概率;二是相比其他导引方法,平行接近法的导引弹道较平直,整个导引弹道过载较小;三是平行接近法可实现全向攻击。

平行接近法的缺点:理论上需要实时精确测量飞行器及目标的速度和前置角,并严格保持平行接近的导引关系,使飞行器的相对速度始终指向目标。这对制导系统提出了严格的要求,测量难度大,工程实现困难,目前还未得到应用。

2.6 比例导引法

比例导引法是自动寻的制导律中最为重要的一种,在工程中得到广泛应用,绝大多数制导武器的末制导都采用比例导引法。

比例导引法是指飞行器飞行过程中,速度向量 V 的转动角速度与弹目视线的转动角速度成比例的一种导引方法,其导引关系方程为

$$\varepsilon = \frac{\mathrm{d}\theta}{\mathrm{d}t} - K\frac{\mathrm{d}q}{\mathrm{d}t} = 0 \tag{2-65}$$

式中:K 为比例系数,又称导航比,其大小直接关系到导引弹道的特性。

假设比例系数 K 为一常数,对式(2-65)积分,得到比例导引关系方程的另一种形式:

$$\varepsilon = (\theta - \theta_0) - K(q - q_0) = 0 \tag{2-66}$$

由式(2-66)可以看出:当 $K=1, \theta_0 = q_0$,即飞行器前置角 $\eta = 0$ 时,比例导引法即为追踪法;当 $K=1, q_0 = \theta_0 + \eta_0$,即飞行器前置角 $\eta = \eta_0 =$ 常数时,比例导引法即为常值前置角法;当 $K = +\infty, \frac{\mathrm{d}q}{\mathrm{d}t} \to 0$,弹目视线角为常值,比例导引法即为平行接近法。

由此可以看出,比例导引法是介于追踪法和平行接近法的一种导引方法,其弹道特性也介于追踪法和平行接近法之间。

2.6.1 比例导引法弹道方程

将比例导引法的导引关系方程代入自动寻的制导的弹目相对运动方程组(式(2-14)),可得比例导引法的弹道方程为

$$\begin{cases} \dfrac{dR}{dt} = V_T\cos\eta_T - V\cos\eta \\ R\dfrac{dq}{dt} = V\sin\eta - V_T\sin\eta_T \\ q = \eta + \theta \\ q = \eta_T + \theta_T \\ \dfrac{d\sigma}{dt} = K\dfrac{dq}{dt} \end{cases} \quad (2-67)$$

如果已知 V, V_T, θ_T 的变化规律以及初始条件 R_0, q_0, θ_0,则可用数值积分法获图解法解算该方程组。但采用解析法求解该方程组较为困难,当比例系数 $K=2$,且飞行器做匀速飞行,目标做等速直线飞行或静止时,才能获得解析解。

为简化分析。假设目标静止,即 $V_T=0, \eta_T=0$,飞行器做等速飞行,假设比例系数 $K=2$,根据比例导引法的弹道方程可得

$$\frac{dR}{Rd\eta} = -\frac{V_T\cos\eta_T - V\cos\eta}{V\sin\eta - V_T\sin\eta_T} = \frac{\cos\eta}{\sin\eta} \quad (2-68)$$

即得

$$R = \frac{R_0}{\sin\eta_0}\sin\eta \quad (2-69)$$

可得

$$q = -\arcsin\left(R\frac{\sin\eta_0}{R_0}\right) + q_0 + \eta_0 \quad (2-70)$$

2.6.2 比例导引法的分类

根据比例导引法的定义,其导引关系方程为

$$\dot{\theta} = K\dot{q} \quad (2-71)$$

即飞行器速度向量 V 的转动角速度与弹目视线的转动角速度成比例。在实际工程应用中,制导律的输出形式一般是指令加速度,即:

$$a_c = KV\dot{q} \quad (2-72)$$

指令加速度的作用方向和大小直接影响导引弹道的特性。根据其不同作用方向及大小,可将比例导引法分为纯比例导引法(PPN)、理想比例导引法(IPN)、真比例导引法(TPN)、广义比例导引法(GPN)、增广比例导引法等。

1. 纯比例导引法(PPN)

纯比例导引法是指:飞行器指令加速度方向垂直于飞行器的速度方向,其大小与飞行器的速度大小和弹目视线角速度的乘积成正比,写成向量形式为: $\boldsymbol{a}_c = KV \times \dot{\boldsymbol{q}}$。纯比例导引法的作用方向如图 2-17 所示。

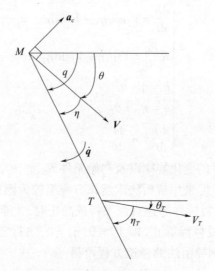

图 2-17 纯比例导引法

2. 理想比例导引法(IPN)

理想比例导引法是指：飞行器指令加速度方向垂直于弹目相对速度向量，其大小与弹目相对速度和弹目视线角速度的乘积成正比，即抑制弹目视线的转动，使飞行器的相对速度方向对准弹目视线方向，尽量将飞行器以较平直的弹道导向目标。将其写成向量形式为：$a_c = K\Delta V \times \dot{q}$。理想比例导引法的作用方向如图 2-18 所示。

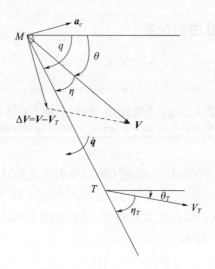

图 2-18 理想比例导引法

3. 真比例导引法(TPN)

真比例导引法是指:飞行器指令加速度方向垂直于弹目视线,其大小与飞行器的速度大小和弹目视线角速度的乘积成正比,写成标量形式为: $a_c = KV\dot{q}$。真比例导引法的作用方向如图2-19所示。

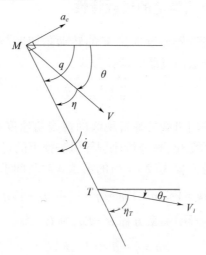

图2-19 真比例导引法

4. 广义比例导引法(GPN)

广义比例导引法是指:飞行器指令加速度方向与弹目视线法向方向存在一个固定的偏角,其大小与飞行器的速度大小和弹目视线角速度的乘积成正比,写成标量形式为: $a_c = KV\dot{q}$。广义比例导引法的作用方向如图2-20所示。

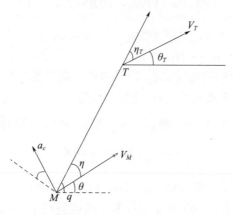

图2-20 广义比例导引法

5. 增广比例导引法

增广比例导引法是指:在比例导引法的基础上,增加对目标机动的补偿项和飞行器自身轴向加速度的补偿项,根据补偿项的不同,可演变成不同种类的增广比例导引法,例如,带终端攻击角度约束的比例导引法即为增广比例导引法的一种。

2.6.3 比例导引法弹道的过载特性

比例导引法要求飞行器速度向量 V 的转动角速度与弹目视线的转动角速度成正比。根据飞行器法向过载的计算公式:

$$n_{yc} = \frac{V\dot{\theta}}{g} = \frac{KV\dot{q}}{g} \tag{2-73}$$

即飞行器的需用法向过载与弹目视线的视线角速度 $\dot{q}$ 成正比。因此,可通过讨论视线角速度 $\dot{q}$ 的变化,来分析比例导引法弹道的过载特性。

将比例导引法弹道方程式(2-67)的第二式对时间求导,可得

$$\dot{R}\dot{q} + R\ddot{q} = \dot{V}\sin\eta + V\dot{\eta}\cos\eta - \dot{V}_T\sin\eta_T - V_T\dot{\eta}_T\cos\eta_T \tag{2-74}$$

根据比例导引法的导引关系方程 $\dot{\theta} = K\dot{q}$,则有

$$\dot{\eta} = \dot{q} - \dot{\theta} = (1-K)\dot{q} \tag{2-75}$$

根据式(2-67),有

$$\begin{cases} \dot{\eta}_T = \dot{q} - \dot{\theta}_T \\ \dot{R} = V_T\cos\eta_T - V\cos\eta \end{cases} \tag{2-76}$$

将上述方程联立,整理得

$$R\ddot{q} = -(KV\cos\eta + 2\dot{R})(\dot{q} - \dot{q}^*) \tag{2-77}$$

式中: $\dot{q}^* = \dfrac{\dot{V}\sin\eta - \dot{V}_T\sin\eta_T + V_T\dot{\theta}_T\cos\eta_T}{KV\cos\eta + 2\dot{R}}$。

根据飞行器和目标的运动状态,对弹道的过载特性分两种情况进行讨论。

(1)假设目标做等速直线飞行,飞行器做等速飞行。

此时, $\dot{V}=0, \dot{V}_T=0, \dot{\theta}_T=0$,则 $\dot{q}^*=0$。那么,式(2-77)可写成

$$\ddot{q} = -\frac{1}{R}(KV\cos\eta + 2\dot{R})\dot{q} \tag{2-78}$$

由式(2-78)可知:当 $(KV\cos\eta + 2\dot{R}) > 0$,则 $\ddot{q}$ 的符号与 $\dot{q}$ 相反。若 $\dot{q} > 0$, $\ddot{q} < 0$,则 $\dot{q}$ 的值将减小;若 $\dot{q} < 0, \ddot{q} > 0$,则 $\dot{q}$ 的值将增大。因此可以发现, $|\dot{q}|$ 总是减小的。又因为飞行器的需用法向过载与弹目视线的转动角速度 $\dot{q}$ 成正比,则弹道的需用法向过载随 $|\dot{q}|$ 的减小而减小,弹道趋向于平直,即此情况下 $\dot{q}$ 为"收敛"的。

当$(KV\cos\eta + 2\dot{R}) < 0$,则$\ddot{q}$的符号与$\dot{q}$相同;若$\dot{q} > 0, \ddot{q} > 0$,则$\dot{q}$的值将增大;若$\dot{q} < 0, \ddot{q} < 0$,则$\dot{q}$的值将减小。在此情况下,$|\dot{q}|$总是增大的。那么,弹道的需用法向过载随$|\dot{q}|$的增大而增大,弹道趋于弯曲,即此情况下$\dot{q}$为"发散"的。

综上,要使飞行器过载变化平缓,应满足$\dot{q}$的收敛条件,即$(KV\cos\eta + 2\dot{R}) > 0$,此时比例系数$K$应满足

$$K > \frac{2|\dot{R}|}{V\cos\eta} \qquad (2-79)$$

可得出结论:只要比例系数选取足够大,使其满足上述不等式条件,$|\dot{q}|$就可以逐渐减小并收敛于零,飞行器需用法向过载也逐渐减小并收敛于0;反之,若不满足上述不等式条件,$|\dot{q}|$将逐渐增大,接近目标时,飞行器需用法向过载也将趋于很大,最终导致脱靶。

(2) 假设目标做机动飞行,飞行器做变速飞行。

此时,$\dot{q}^* \neq 0$,当$(KV\cos\eta + 2\dot{R}) \neq 0$时,$\dot{q}^*$为有限值。

根据式(2-77),当$(KV\cos\eta + 2\dot{R}) > 0$时,如果$\dot{q} < \dot{q}^*$,则$\ddot{q} > 0$,从而$\dot{q}$将不断增大;如果$\dot{q} > \dot{q}^*$,则$\ddot{q} < 0$,从而$\dot{q}$将不断减小。因此,$\dot{q}$总有向$\dot{q}^*$接近的趋势。

当$(KV\cos\eta + 2\dot{R}) < 0$时,如果$\dot{q} < \dot{q}^*$,则$\ddot{q} < 0$,从而$\dot{q}$将不断减小;如果$\dot{q} > \dot{q}^*$,则$\ddot{q} > 0$,从而$\dot{q}$将不断增大。因此,$\dot{q}$总有远离$\dot{q}^*$的趋势;弹道变得弯曲,当接近目标时,飞行器的需用法向过载将变得极大。

下面,对命中点的需用法向过载进行分析。

根据上述分析,当$(KV\cos\eta + 2\dot{R}) > 0$时,$\dot{q}^*$为有限值。在命中点处,有$R = 0$,根据式(2-77),则有

$$-(KV\cos\eta + 2\dot{R})(\dot{q} - \dot{q}^*) = 0 \qquad (2-80)$$

即命中点处有

$$\dot{q}_f = \dot{q}_f^* = \frac{\dot{V}\sin\eta - \dot{V}_T\sin\eta_T + V_T\dot{\sigma}_T\cos\eta_T}{KV\cos\eta + 2\dot{R}}\Big|_{t=t_f} \qquad (2-81)$$

命中点处飞行器的需用法向过载为

$$n_{ycf} = \frac{KV\dot{q}_f}{g} = \frac{1}{g}\left[\frac{\dot{V}\sin\eta - \dot{V}_T\sin\eta_T + V_T\dot{\theta}_T\cos\eta_T}{\cos\eta - \frac{2|\dot{R}|}{KV}}\right]_{t=t_f} \qquad (2-82)$$

由式(2-82)可知,命中点处飞行器的需用法向过载与命中点处的飞行器速度$V(t_f)$、弹目接近速度$|\dot{R}(t_f)|$和目标机动$(\dot{V}_T, \dot{\theta}_T)$有关。

若命中点处飞行器速度$V(t_f)$较小,则需用法向过载将增大。弹目接近速度

$|\dot{R}(t_f)|$,也与飞行器的攻击方向有关。当迎面攻击时,$|\dot{R}|=|V|+|V_T|$;尾追攻击时,$|\dot{R}|=||V|-|V_T||$。

若 $(KV\cos\eta+2\dot{R})<0$,$|\dot{q}|$ 在命中点处将趋于无穷大。这表示当比例系数 K 取值较小时,命中点处的需用法向过载趋于无穷大。因此,当 $K<\dfrac{2|\dot{R}|}{V\cos\eta}$ 时,飞行器无法直接命中目标。

2.6.4 比例系数 K 的选择

比例系数 K 的选择直接影响导引弹道的特性,影响飞行器能否命中目标。K 的选择取决于:①期望设计导引弹道的特性;②弹体结构强度所约束的可用过载;③目标的运动特性;④制导回路的稳定性;⑤导引设备输出信号延迟特性及噪声特性等因素。

2.6.4.1 从 K 取值的下限和上限进行讨论

1. K 值的下限

K 值的下限主要取决于 $\dot{q}$ 的收敛特性,即飞行器在接近目标的过程中,弹目视线的转动角速度 $\dot{q}$ 不断减小,弹道各点的需用法向过载也不断减小。根据上一小节关于比例导引法弹道过载特性的分析,$\dot{q}$ 收敛的条件为

$$K>\dfrac{2|\dot{R}|}{V\cos\eta} \tag{2-83}$$

式(2-83)即给出了 K 值的下限。由于目标接近速度 $|\dot{R}|$ 与飞行器的攻击方向有关,因而当飞行器从不同方向攻击目标时,K 的下限取值是不同的。对于打击静止目标,$V\cos\eta=|\dot{R}|$,即要求 $K>2$ 即可。

2. K 值的上限

K 值的上限主要取决于弹体结构强度所允许承受的可用过载和制导回路的稳定性。

弹体的需用法向过载为:

$$n_{yc}=\dfrac{KV\dot{q}}{g} \tag{2-84}$$

若 K 取值过大,虽然满足 $\dot{q}$ 的收敛条件,但会导致即使在 $\dot{q}$ 不大的情况下,弹体的需用法向过载也很大。而飞行器在飞行过程中,其可用过载受到弹体结构强度和可用舵偏角的限制,若需用过载超过了可用过载,则飞行器无法再按照期望的比例导引弹道飞行。

同时,受限于制导系统的量测设备,若 K 取值过大,外界干扰信号的作用也

会被放大，$\dot{q}$ 的较小变化将引起 $\dot{\theta}$ 的较大变化，造成制导指令剧烈振荡。因此，制导回路的稳定性也影响着 K 的取值上限。

2.6.4.2 针对攻击静止目标和运动目标两种情况仿真分析不同比例系数 K 下的弹道特性

1. 针对静止目标

飞行器初始条件：$X=0,Y=4000\mathrm{m},V=210\mathrm{m/s},\theta=-38.66°$。目标初始条件：$X=5000\mathrm{m},Y=0,V_T=0\mathrm{m/s},\theta_T=0°$。假设弹上姿控回路为理想工作状态，仿真结果如图 2-21~图 2-26 所示。

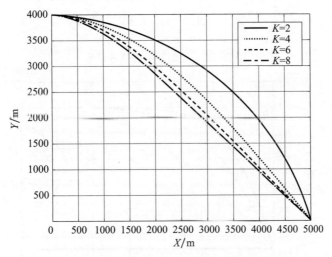

图 2-21 针对静止目标比例导引法导引弹道

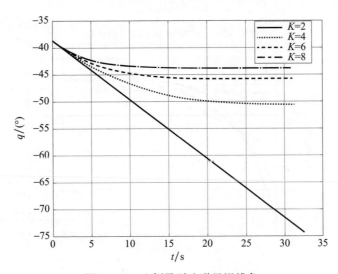

图 2-22 比例导引法弹目视线角

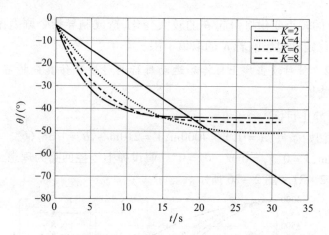

图 2-23　比例导引法航迹倾角

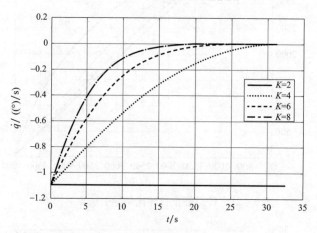

图 2-24　比例导引法视线角速度

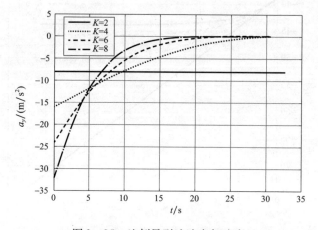

图 2-25　比例导引法法向加速度

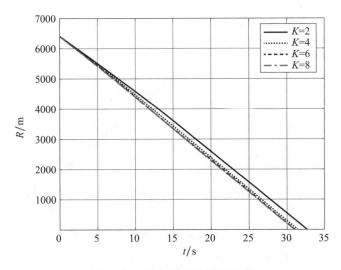

图 2-26 比例导引法弹目距离

由仿真结果图 2-21 至图 2-26 可得以下结论：

(1) 比例系数 K 越大，导引弹道越平直，末端弹道的过载特性越好，但前段弹道越弯曲。

(2) 当目标静止时，比例系数 $K=2,4,6,8$ 时，飞行器均能实现零脱靶量命中目标。

(3) 比例系数 K 越大，前段弹道的法向加速度越大，后段弹道的法向加速度越小，即比例系数 K 可以用于调节弹道的加速度。

(4) 比例系数 $K=2$ 时，视线角速度基本为恒值；$K<2$ 时，视线角速度发散；$K>2$ 时，视线角速度收敛，且视线角速度收敛至 0 的速度随 K 的增大而加快。因此，对于攻击静止目标，比例系数 $K=2$ 为其下限。

2. 针对运动目标

飞行器初始条件：$X=0, Y=4000\mathrm{m}, V=210\mathrm{m/s}, \theta=-38.66°$。目标初始条件：$X=5000\mathrm{m}, Y=0\mathrm{m}, V_T=30\mathrm{m/s}, \theta_T=0°$。假设弹上姿控回路为理想工作状态，仿真结果如图 2-27 至图 2-32 所示。

由仿真结果图 2-27 ~ 图 2-32 可得以下结论：

(1) 比例系数 K 越大，导引弹道越平直，弹道前段法向加速度越大，弹道后段法向加速度越小，体现了比例导引法的优越性，在弹道末段可留更多的机动裕度，提高打击机动目标的能力。

(2) 当飞行器和目标速度为常值，且飞行器速度大于目标速度的情况下，比例系数 $K=2,4,6,8$ 时，飞行器均能实现零脱靶量命中目标。

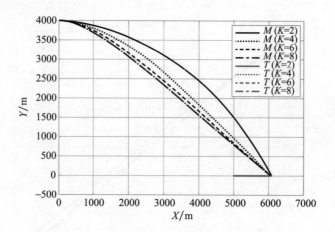

图2-27 针对活动目标比例导引法导引弹道

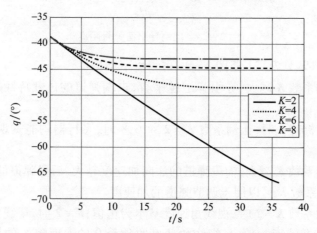

图2-28 针对活动目标比例导引法弹目视线角

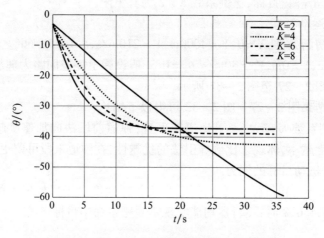

图2-29 针对活动目标比例导引法航迹倾角

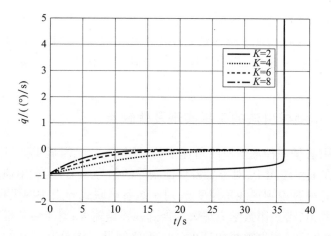

图 2-30 针对活动目标比例导引法视线角速度

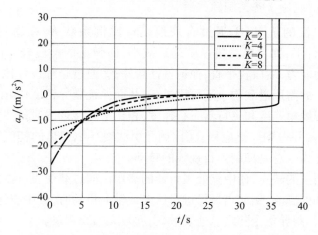

图 2-31 针对活动目标比例导引法法向加速度

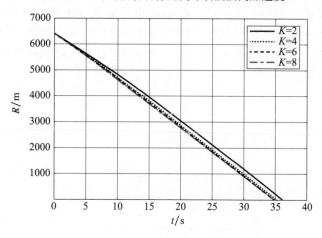

图 2-32 针对活动目标比例导引法弹目距离

(3) 当 $K=2$ 时,视线角速度一直在变化,当 $K=4,6,8$ 时,视线角速度收敛于恒值,且 K 越大,视线角速度越早趋于恒值,且恒值越小。工程上 K 常取值 $3\sim6$。

(4) 比例系数 K 越大,弹道前段的航迹倾角变化越快,后段航迹倾角变化越慢。

2.6.5 比例导引法的工程实现及优缺点

比例导引法是一种基于视线角速度的导引方法,只需提供弹目视线的转动角速度 $\dot{q}$。在工程应用中,对于装备惯性制导的制导武器,可利用惯性导航及目标的位置信息解算得到视线角速度 $\dot{q}$；对于装备捷联式导引头的飞行器,其量测量为弹目视线角,需采用数学方法解算得到视线角速度；对于装备框架式导引头的飞行器,可直接量测出视线角速度。由于比例导引法具有较好的导引弹道特性,其已被广泛应用于各类制导武器。

比例导引法的优点:①通过合理地设计比例系数 K,在满足 $K>2|\dot{R}|/(V\cos\eta)$ 的条件下,弹目视线角速度逐渐减小,即弹道的前段较弯曲,充分利用飞行器的机动能力,后段较平直,弹道特性较好；②通过合理设计比例系数 K,可以使全弹道上的需用过载均小于可用过载,从而保证制导精度；③比例导引法仅需测量弹目视线角速度和飞行器飞行速度,相比平行接近法对条件要求苛刻,其技术实施可行,并得到广泛应用；④比例导引法对导引弹道的初值要求不严格,其生成的制导指令总是抑制弹目视线的转动。

比例导引法的缺点:命中点处飞行器的需用法向过载受飞行器速度、攻击方向和目标机动的影响,例如当目标进行法向或轴向机动时,命中前弹目视线角速度会急速增大,制导指令随之急速发散,引起较大的脱靶量。

由于比例导引法优良的弹道特性,绝大多数制导武器的末制导都采用比例导引法或修正的比例导引法。对于打击静止目标或者慢速移动目标,采用比例导引法即可保证较高的制导精度；对于打击机动目标,可在比例导引法的基础上增加对目标机动的补偿和修正,采用修正的比例导引法,以弥补比例导引法的缺点,提高制导精度。

第 3 章

基于滑模变结构理论的制导方法

3.1 基础数学知识

定理 1:(拉塞尔(La Salle)不变原理)给定自治系统 $\dot{x}=f(x)$,如果 f 连续,设 $V(x)$ 为带有一阶连续偏导数的标量函数,并且:

(1) 当 $\|x\|\to\infty$ 时,$V(x)\to\infty$;

(2) 当 $\dot{V}(x)\leq 0$ 时,对所有 x 成立。

记 R 为所有使 $\dot{V}(x)=0$ 的点的集合,M 为 R 中最大不变集,那么,当 $t\to\infty$ 时,所有解全局渐近收敛于 M。

定理 2:如果当 $t\to\infty$ 时,微分方程 $f(t)$ 存在有限的极限,并且 $\dot{f}(t)$ 是一致连续的,那么,当 $t\to\infty$ 时,$\dot{f}(t)\to 0$。

引理 1[8,59]:对于正定连续函数 $V(x)$,如果存在正实数 $k>0$ 和 $\alpha\in(0,1)$,使得以下关系成立:

$$\dot{V}(x)\leq -kV(x)^{\alpha} \tag{3-1}$$

则 $V(x)$ 将在有限时间内收敛至平衡点,且其收敛时间 T 满足条件:

$$T\leq \frac{1}{k(1-\alpha)}V(x_0)^{1-\alpha} \tag{3-2}$$

引理 2[60-61]:对于正定连续函数 $V(x)$,如果存在正实数 $k>0$,$\alpha\in(0,1)$,使得以下关系成立:

$$\dot{V}(x)\leq -kV(x)^{\alpha}+d \tag{3-3}$$

式中:d 为有界干扰,满足 $0 < d < \bar{d}$,$\bar{d}$ 为 d 的上界。则 $V(x)$ 将在有限时间内收敛至一个紧集:

$$\delta = \{x \mid V(x) \leq (\bar{d}/(k(1-\mu)))^{1/\alpha}\} \tag{3-4}$$

收敛时间 T 满足条件:

$$T \leq \frac{1}{k\mu(1-\alpha)} V(x_0)^{1-\alpha} \tag{3-5}$$

式中:$0 < \mu < 1$。

引理 3[71]:$V(x)$ 是一个连续可微的正定函数。若有

$$\dot{V}(x) \leq -aV(x) - bV^{\alpha}(x) \tag{3-6}$$

式中:a、b 是满足 $a > 0, b > 0, 0 < \alpha < 1$ 的常数,则 $\dot{V}(x)$ 将在有限时间内收敛到 0,且收敛时间满足下式:

$$T \leq \frac{1}{a(1-\alpha)} \ln \frac{aV^{1-\alpha}(x_0) + b}{b} \tag{3-7}$$

引理 4[70]:对于正定函数 $V(x)$,如果可以建立以下不等式:

$$\dot{V}(x) \leq -\beta_1 V(x) - \beta_2 V(x)^p + \delta, \quad V(0) \geq 0 \tag{3-8}$$

式中:$\beta_1 > 0$;$\beta_2 > 0$;$0 < p < 1$;δ 是一个有界量。则 V 可以在有限时间收敛到一个紧集内:

$$\Delta = \min\left\{\frac{\delta}{(1-\gamma)\beta_1}, \left(\frac{\delta}{(1-\gamma)\beta_2}\right)^{\frac{1}{p}}\right\} \tag{3-9}$$

式中:$0 < \gamma < 1$。

收敛时间 T 满足条件:

$$T \leq \max\left\{\frac{1}{\gamma\beta_1(1-p)} \ln \frac{\gamma\beta_1 V^{1-p}(x_0) + \beta_2}{\beta_2}, \frac{1}{\beta_1(1-p)} \ln \frac{\beta_1 V^{1-p}(x_0) + \gamma\beta_2}{\gamma\beta_2}\right\} \tag{3-10}$$

引理 5[62-64]:对于一阶系统 $\dot{y}(t) = u(t), y \in R^+ \cup \{0\}$,如果控制量 $u(t)$ 为

$$u = -k_1 y^g - k_2 y^b \tag{3-11}$$

式中:k_1 和 k_2 为正参数,$0 < g < 1, b > 1$ 为正实数。则 y 将在固定时间内收敛至原点,收敛时间上界 T 可估计为

$$T < \frac{1}{k_1(1-g)} + \frac{1}{k_2(b-1)} \tag{3-12}$$

相比有限时间收敛方法,式(3-12)中固定时间控制的收敛时间 T 上界不依赖于系统的初始状态,该特点对收敛时间要求较高的控制系统将更加便利。

由于 y 在整个过程中是单调递减收敛的,引理 5 中控制量 u 的上界满足以

下条件:

$$\bar{u} \leq k_1 |y(0)^g| + k_2 |y(0)^b| \tag{3-13}$$

引理 6[55]:对于正定连续函数 $V(x)$,如果存在正实数 $k_1, k_2 > 0, \alpha \in (0,1)$,$\beta > 1$ 使得以下关系成立:

$$\dot{V}(x) \leq -k_1 V(x)^\alpha - k_2 V(x)^\beta + d \tag{3-14}$$

式中:d 为有界干扰,满足 $0 < d < \bar{d}$,$\bar{d}$ 为 d 的上界。则 $V(x)$ 将在固定时间内收敛至一个紧集:

$$\delta = (\bar{d}/(\mu_1 k_1))^{1/\alpha} \tag{3-15}$$

收敛时间 T 与 $V(x_0)$ 无关,且满足以下条件:

$$T \leq \frac{2(\bar{d}/(\mu_2 k_2))^{(1-\alpha)/\beta}}{\phi(1-\mu_1)} \tag{3-16}$$

式中:$\phi = \min[k_1(1-\alpha), k_2(1-\beta)]; 0 < \mu_2 < \mu_1 < 1$。

引理 7[65]:对于正定连续函数 $V(x)$,如果存在 $k > 0, m > 2$,使得以下关系成立:

$$\dot{V}(x) \leq -kV(x) - \frac{2\dot{\xi}(t)}{\xi(t)} V(x) \tag{3-17}$$

式中:ξ 定义为

$$\xi(t) = \begin{cases} \dfrac{T_f^m}{(T_f - t)^m}, & t \in [0, T_f) \\ 1, & t \in [T_f, \infty) \end{cases}$$

则 $V(x)$ 将在给定时间 T_f 内收敛至平衡点,即 $V(x) = 0, t \in [T_f, \infty)$。

引理 8[64]:如果 $x_i \in R, i = 1, 2, \cdots, n, 0 < p \leq 1$,则以下不等式成立:

$$(|x_1| + \cdots + |x_n|)^p \leq |x_1|^p + \cdots + |x_n|^p \tag{3-18}$$

引理 9[64]:如果 $x_i \in R, i = 1, 2, \cdots, n, q > 1$,则以下不等式成立:

$$\sum_{i=1}^n x_i^q \leq n^{1-q} \left(\sum_{i=1}^n x_i \right)^q \tag{3-19}$$

引理 10[55]:对于实数 x,以下不等式成立:

$$0 \leq |x| - x\tanh(x/\tau) \leq 0.2785\tau \tag{3-20}$$

式中:τ 为正常数。

虚拟参数估计误差定义为

$$\tilde{\lambda}_i = \lambda_i - N_S \rho_m \phi_m^2 \hat{\lambda}_i \tag{3-21}$$

式中:$\rho_m = \min\{\rho_i\}$。

3.2 滑模变结构基本原理

滑模变结构控制首先根据系统所期望的目标来设计滑模面,利用所设计的滑模控制律使滑模变量由滑模面之外趋近于滑模面,当滑模变量到达滑模面后,滑模控制律将使系统状态沿滑模面收敛至系统原点。滑模控制与其他大多数控制方式的区别之一为控制的不连续性,即系统状态实时变化的开关切换特性,这种特性使得系统状态沿所设计的滑模面做小幅、高频的上下运动,通过控制量的切换使得系统按照所设计的滑动模态轨迹运行。由于滑动模态的设计与参数及外界扰动无关,因而该方法对参数及扰动变化具有较好的稳健性。

3.2.1 滑动模态定义及其数学表达

假设系统状态方程表达式为

$$\dot{x} = f(x), x \in R^n \tag{3-22}$$

可设计超曲面 $s(x) = s(x_1, x_2, \cdots, x_n) = 0$,如图 3-1 所示。

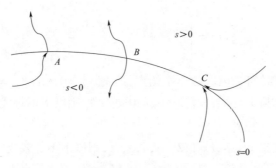

图 3-1 曲平面

由图 3-1 可看出,超曲面可以分成 $s > 0$ 和 $s < 0$ 两部分,而滑模面上主要有以下 3 种运动点。

(1)通常点(A 点):系统运动点由远离切换面的位置趋近至切换面附近时,从此点穿越而过。

(2)起始点(B 点):系统运动点处于滑模切换面附近位置时,从该点的两边分离。

(3)终止点(C 点):系统运动点处于滑模切换面附近位置时,从此点的两边趋向于该点。

其中终止点对于滑模控制具有特殊的意义,若滑模切换面某一区域范围内的所有点都为终止点,则当运动点处于该区域附近时将被吸引至该区域内。故将运动点都为终止点的切换面区域称为滑动模态区。根据滑动模态区的要求,系统运动至滑模面附近时需满足以下条件:

$$\lim_{s \to 0} s\dot{s} \leq 0 \tag{3-23}$$

该不等式约束其实为 Lyapunov 稳定性定理的必要条件,当 Lyapunov 函数选取为

$$v(x_1, x_2, \cdots, x_n) = \frac{1}{2}[s(x_1, x_2, \cdots, x_n)]^2 \tag{3-24}$$

此时函数式(3-24)是正定的,而其导数式(3-23)是负半定的,根据 Lyapunov 稳定性定理,系统最终将稳定于 $s=0$。

3.2.2 滑模变结构控制的定义

对控制系统:

$$\dot{x} = f(x, u, t), x \in R^n, u \in R^m, t \in R \tag{3-25}$$

若要实现滑模控制,首先须设计切换函数 $s(x), s \in R^m$,然后确定滑模控制律:

$$u = \begin{cases} u^+(x), s(x) \geq 0 \\ u^-(x), s(x) < 0 \end{cases} \tag{3-26}$$

使得:
(1)在保证式(3-25)成立的基础上使得 $u^+(x) \neq u^-(x)$。
(2)滑模切换面之外的运动点在有限时间内趋近切换面,即可达性条件。
(3)滑模控制器稳定。

3.3 渐进收敛滑模制导律

3.3.1 渐进收敛滑模制导律设计

本节将设计滑模制导律,使得飞行器能够以指定的视线角命中目标。自动寻的制导的弹目相对运动方程已由式(2-14)给出,定义状态变量:

$$\begin{cases} x_1 = q - q_f \\ x_2 = \dot{x}_1 \end{cases} \tag{3-27}$$

由此可得到状态方程：

$$\begin{cases} \dot{x}_1 = x_2 \\ \dot{x}_2 = -\dfrac{2\dot{r}}{r}x_2 + \dfrac{\cos(q-\gamma_T)}{r}a_T - \dfrac{\cos(q-\gamma_M)}{r}a_M \\ y = x_1 \end{cases} \quad (3-28)$$

取滑模变量：

$$s = x_2 + cx_1 \quad (3-29)$$

式中：$c > 0$。

取趋近律：

$$\dot{s} = -\varepsilon s \quad (3-30)$$

式中：$\varepsilon > 0$。于是有

$$\dot{s} = \dot{x}_2 + c\dot{x}_1 = -\dfrac{2\dot{r}}{r}x_2 + \dfrac{\cos(q-\gamma_T)}{r}a_T - \dfrac{\cos(q-\gamma_M)}{r}a_M + cx_2 = -\varepsilon s$$

$$(3-31)$$

从而得到制导律：

$$a_M = \dfrac{-\left(-\dfrac{2\dot{r}}{r}x_2 + \dfrac{\cos(q-\gamma_T)}{r}a_T + cx_2\right) - \varepsilon s}{-\dfrac{\cos(q-\gamma_M)}{r}} \quad (3-32)$$

3.3.2 渐进收敛滑模制导律稳定性分析

为证明所选择制导律的稳定性，选择 Lyapunov 函数 V_1 为

$$V_1 = \dfrac{1}{2}s^2 \quad (3-33)$$

关于 V_1 求一阶时间导数可得

$$\dot{V}_1 = s\dot{s} = -\varepsilon s^2 \leqslant 0 \quad (3-34)$$

当 s 趋向于 0 时，$x_2 \to -cx_1$，即 $\dot{x}_1 \to -cx_1$，取 Lyapunov 函数 V_2 为

$$V_2 = \dfrac{1}{2}x_1^2 + \dfrac{1}{2}x_2^2 \quad (3-35)$$

式(3-35)关于时间求导，有：

$$\begin{aligned}\dot{V}_2 &= x_1\dot{x}_1 + x_2\dot{x}_2 \\ &= -cx_1^2 + x_2\left(-\dfrac{2\dot{r}}{r}x_2 + \dfrac{\cos(q-\gamma_T)}{r}a_T - \dfrac{\cos(q-\gamma_M)}{r}a_M\right)\end{aligned} \quad (3-36)$$

将式(3-31)代入式(3-36)，得：

$$\dot{V}_2 = -cx_1^2 + x_2(-cx_2 - \varepsilon s) = -cx_1^2 - cx_2^2 \leq 0 \quad (3-37)$$

因此,所设计制导律是稳定的。

结果表明,所设计制导律能够保证视线角 q 趋于期望的视线角 q_f,视线角速率 $\dot{q}$ 稳定收敛至 0,从而实现飞行器以指定的视线角命中目标。

3.3.3 渐进收敛滑模制导律仿真验证

为验证渐进收敛滑模制导律的有效性,在 MATLAB Simulink 仿真平台下进行仿真验证,飞行器的初始参数设置为 $\gamma_M(0) = \pi/3, \gamma_T(0) = 2\pi/3$。滑模制导律的参数设置为 $c = 0.2, q_f = \pi/3, \varepsilon = 1000$。飞行器和目标的初始位置、速度及加速度限幅列于表 3-1,仿真结果如图 3-2 ~ 图 3-6 所示。

表 3-1 飞行器与目标的参数设置

参数	取值
飞行器初始横向坐标 $X_M(0)$	0m
飞行器初始纵向坐标 $Y_M(0)$	0m
目标初始横向坐标 $X_T(0)$	5000m
目标初始纵向坐标 $Y_T(0)$	5000m
飞行器速度 V_M	300m/s
法向过载限幅 $\bar{a}_M$	20g

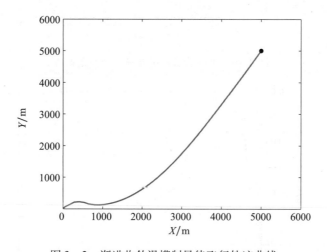

图 3-2 渐进收敛滑模制导律飞行轨迹曲线

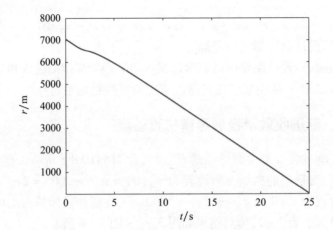

图 3-3 渐进收敛滑模制导律弹目距离曲线

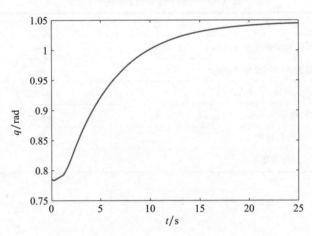

图 3-4 渐进收敛滑模制导律视线角响应

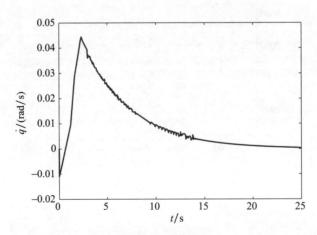

图 3-5 渐进收敛滑模制导律视线角速率响应

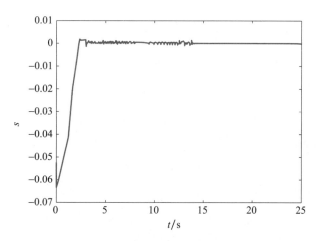

图 3-6 渐进收敛滑模制导律滑模变量

由飞行轨迹曲线和弹目距离曲线可看出,在所设计滑模制导律下,飞行器能够准确命中目标,最终命中目标的视线角等于期望的预设视线角,滑模变量 s 和视线角速率能够稳定收敛至 0。

3.4 有限时间收敛滑模制导律

渐进收敛的滑模制导律虽然能够保证滑模变量、视线角误差和视线角速率最终稳定,但理论收敛时间为无穷大。在一些对制导律收敛时间有较高要求的工况下,比如在特定的有限时间范围内保证算法稳定收敛,渐进收敛的滑模制导律难以满足需求,此时需要可保证有限时间收敛的制导律。

3.4.1 有限时间收敛滑模制导律设计

针对式(2-14)和式(3-27)所描述的状态方程,滑模变量选取为

$$s = x_2 + k_1 \mid x_1 \mid^{\rho_1} \mathrm{sgn}(x_1) \tag{3-38}$$

式中: $k_1 > 0$; $1/2 < \rho_1 < 1$。

有限时间收敛的滑模制导律设计为

$$a_M = \frac{-2\dot{r}x_2 + \varphi(x_1)x_2 + k_2 r \mid s \mid^{\rho_2} \mathrm{sgn}(s)}{\cos\theta_M} \tag{3-39}$$

式中: $k_2 > 0$; $0 < \rho_2 < 1$。为避免发生奇异,当 $x_1 = 0$ 且 $s \neq 0$ 时, $\varphi(x_1) = 0$,否则, $\varphi(x_1) = k_1 \rho_1 \mid x_1 \mid^{\rho_1 - 1}$。

3.4.2 有限时间收敛滑模制导律稳定性分析

假设在初始时刻 $x_1 \neq 0$ 且 $s \neq 0$，则可得滑模面的动态方程为

$$\begin{aligned}\dot{s} &= \dot{x}_2 + k_1 \rho \mid x_1 \mid^{\rho-1} x_2 \\ &= -\frac{2\dot{r}}{r}x_2 - \frac{\cos\theta_M}{r}a_M + k_1\rho_1 \mid x_1 \mid^{\rho_1-1} x_2\end{aligned} \quad (3-40)$$

将式(3-40)代入式(3-39)可得

$$\dot{s} = -k_2 \mid s \mid^{\rho_2} \text{sgn}(s) \quad (3-41)$$

选择 Lyapunov 函数 V 为

$$V = \frac{1}{2}s^2 \quad (3-42)$$

V 关于时间 t 求导可得

$$\dot{V} = s\dot{s} = -k_2 \mid s \mid^{\rho_2+1} = -2^{\frac{\rho_2+1}{2}} k_2 V^{\frac{\rho_2+1}{2}} \quad (3-43)$$

由引理 1 可知，V 在有限时间内收敛至 0，同理可得 $s=0$，由式(3-38)可得

$$\dot{x}_1 = -k_1 \mid x_1 \mid^{\rho_1} \text{sgn}(x_1) \quad (3-44)$$

同式(3-41)，采用类似式(3-42)和式(3-43)的分析方法可得 x_1 和 x_2 为有限时间收敛的，即飞行器能够以指定的视线角最终命中目标。

3.4.3 有限时间收敛滑模制导律仿真验证

仿真验证有限时间收敛滑模制导律的有效性，飞行器的初始参数设置为 $\gamma_M(0) = \pi/3, \gamma_T(0) = 2\pi/3$。滑模制导律的参数设置为 $k_1 = 0.1, \rho_1 = \rho_2 = 0.5, q_f = \pi/3, \varepsilon = 1000$。飞行器和目标的初始位置、速度及加速度限幅列于表 3-1，仿真结果如图 3-7~图 3-11 所示。

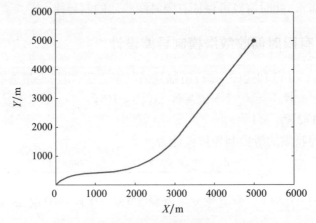

图 3-7 有限时间收敛滑模制导律飞行轨迹

第 3 章 基于滑模变结构理论的制导方法

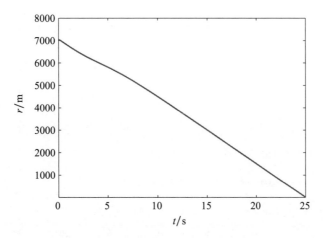

图 3-8 有限时间收敛滑模制导律弹目距离

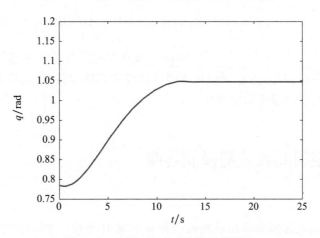

图 3-9 有限时间收敛制导律视线角

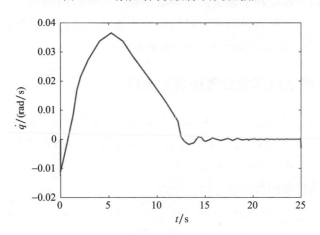

图 3-10 有限时间收敛制导律视线角速率

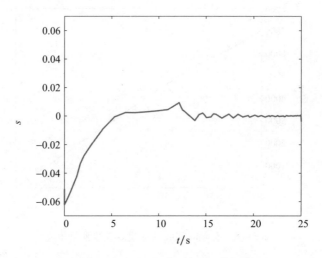

图 3-11 有限时间收敛制导律滑模变量

根据图 3-7～图 3-11 可知,所设计的有限时间收敛滑模制导律能够使得飞行器最终命中目标,并且视线角能够快速收敛到期望值,视线角速率和滑模变量 s 以较快的收敛速率稳定至 0。

3.5 固定时间收敛滑模制导律

有限时间收敛的制导律虽然可以保证收敛时间在一定范围内,但收敛时间的上界估计值一般依赖于系统的初始状态值。与有限时间收敛不同,固定时间收敛方法能够保证收敛时间的上界估计值不依赖系统初始状态值,而仅仅跟设计参数有关,对于收敛时间的调节更加便捷和灵活。

3.5.1 固定时间收敛滑模制导律设计

针对式(2-14)和式(3-27)所描述的系统,滑模变量选取为

$$s = x_2 + k_1 |x_1|^{\rho_1} \mathrm{sgn}(x_1) + k_2 |x_1|^{\rho_2} \mathrm{sgn}(x_1) \quad (3-45)$$

式中:$k_1 > 0; k_2 > 0; 1/2 < \rho_1 < 1; \rho_2 > 1$。

固定时间收敛的滑模制导律设计为

$$a_M = \frac{-2\dot{r}x_2 + \varphi(x_1)x_2 + k_3 r |s|^{\rho_3} \mathrm{sgn}(s) + k_4 r |s|^{\rho_4} \mathrm{sgn}(s)}{\cos\theta_M} \quad (3-46)$$

式中:$k_3>0$;$k_4>0$;$0<\rho_3<1$;$\rho_4>1$。为避免发生奇异,当 $x_1=0$ 且 $s\neq 0$ 时,$\varphi(x_1)=0$,否则,$\varphi(x_1)=r(k_1\rho_1|x_1|^{\rho_1-1}+k_2\rho_2|x_1|^{\rho_2-1})$。

3.5.2 固定时间收敛滑模制导律稳定性分析

假设在初始时刻 $x_1\neq 0$ 且 $s\neq 0$,则可得滑模面的动态方程为

$$\begin{aligned}\dot{s}&=\dot{x}_2+(k_1\rho_1|x_1|^{\rho_1-1}+k_2\rho_2|x_1|^{\rho_2-1})x_2\\&=-\frac{2\dot{r}}{r}x_2-\frac{\cos\theta_M}{r}a_M+(k_1\rho_1|x_1|^{\rho_1-1}+k_2\rho_2|x_1|^{\rho_2-1})x_2\end{aligned} \quad (3-47)$$

将式(3-46)代入式(3-47)可得

$$\dot{s}=-k_3|s|^{\rho_3}\mathrm{sgn}(s)-k_4|s|^{\rho_4}\mathrm{sgn}(s) \quad (3-48)$$

选择 Lyapunov 函数 V 为

$$V=\frac{1}{2}s^2 \quad (3-49)$$

V 关于时间 t 求导可得

$$\begin{aligned}\dot{V}&=s\dot{s}\\&=-k_3|s|^{\rho_3+1}-k_4|s|^{\rho_4+1}\\&=-2^{\frac{\rho_3+1}{2}}k_3V^{\frac{\rho_3+1}{2}}-2^{\frac{\rho_4+1}{2}}k_4V^{\frac{\rho_4+1}{2}}\end{aligned} \quad (3-50)$$

由引理 6 可知,V 固定时间收敛至 0,同理可得 $s=0$,由式(3-45)可得

$$\dot{x}_1=-k_3|x_1|^{\rho_3}\mathrm{sgn}(x_1)-k_4|x_1|^{\rho_4}\mathrm{sgn}(x_1) \quad (3-51)$$

同式(3-41),采用类似式(3-42)和式(3-43)的分析方法可得 x_1 和 x_2 为固定时间收敛的。即飞行器能够以指定的视线角最终命中目标。

当 $x_1=0$ 且 $s\neq 0$ 时,可得:

$$\dot{s}=-\frac{2\dot{r}}{r}x_2-\frac{\cos\theta_M}{r}a_M \quad (3-52)$$

此时,固定时间收敛的滑模制导律为

$$a_M=\frac{-2\dot{r}x_2+k_3 r|s|^{\rho_3}\mathrm{sgn}(s)+k_4 r|s|^{\rho_4}\mathrm{sgn}(s)}{\cos\theta_M} \quad (3-53)$$

将式(3-53)代入式(3-52)可得

$$\dot{x}_1=-k_3|x_1|^{\rho_3}\mathrm{sgn}(x_1)-k_4|x_1|^{\rho_4}\mathrm{sgn}(x_1) \quad (3-54)$$

结果与式(3-51)相同,因此,x_1 和 x_2 始终是固定时间收敛的,可以保证飞行器以期望的视线角 q_f 命中目标。

3.5.3 固定时间收敛滑模制导律仿真验证

仿真验证固定时间收敛滑模制导律的有效性,飞行器的初始参数设置为 $\gamma_M(0) = \pi/3, \gamma_T(0) = 2\pi/3$。滑模制导律的参数设置为 $k_3 = k_4 = 0.1, \rho_3 = 0.5, \rho_2 = 1.1, q_f = \pi/3, \varepsilon = 1000$。飞行器和目标的初始位置、速度及加速度限幅列于表 3-1,仿真结果如图 3-12~图 3-17 所示。

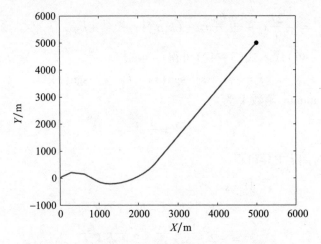

图 3-12 固定时间收敛制导律飞行轨迹曲线

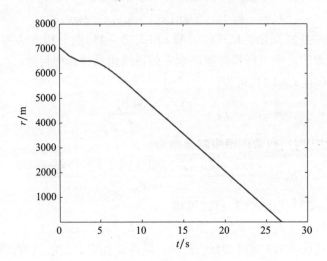

图 3-13 固定时间收敛制导律弹目距离响应

第 3 章　基于滑模变结构理论的制导方法

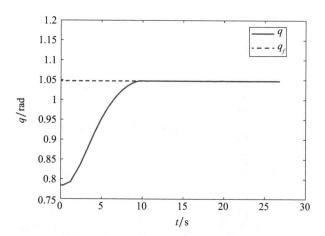

图 3-14　固定时间收敛制导律视线角变化

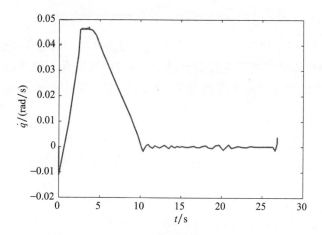

图 3-15　固定时间收敛制导律视线角速率变化

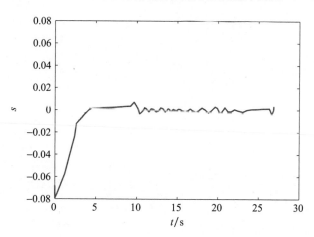

图 3-16　固定时间收敛制导律滑模变量变化

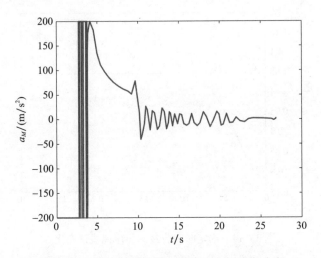

图 3-17 固定时间收敛制导律法向加速度响应

仿真结果(图 3-12~图 3-17)中的飞行轨迹曲线和弹目距离曲线表明,固定时间收敛制导律能够使得飞行器最终命中目标,视线角 q 能够稳定收敛至期望视线角 q_f,视线角速率 $\dot{q}$ 和滑模变量 s 可较快稳定至 0,仿真结果与理论分析结果一致。

第 4 章

攻击时间控制制导方法

在一些特定作战任务环境下,要求飞行器在指定的时间命中目标。此时,制导律的设计应考虑攻击时间的约束,已有部分文献针对考虑攻击时间约束的制导律开展了相关研究工作。若多枚飞行器采用攻击时间控制制导方式,当攻击时间指令选取一致时,可以实现对目标的齐射攻击指定时间同时命中。

一般而言,攻击时间控制制导律的设计流程为:首先,预测飞行器相对目标的剩余飞行时间;其次,构造攻击时间误差;最后,给出可以使得攻击时间误差稳定收敛的制导律。本章将结合预设性能控制方法,分别设计给出二维平面和三维空间下的预设性能攻击时间控制制导方法。

4.1 预设性能控制方法基本原理

预设性能控制方法是一种通过为系统状态人为设定性能包络,进而实现对系统的瞬态性能和稳态精度定量控制的方法。预设性能控制方法的实现主要分为 3 个步骤:首先根据所期望系统性能设计性能函数,通过设置不同的性能函数参数,从而满足对系统瞬态性能(超调量和收敛速度)和稳态精度的不同要求;其次为了避免约束条件的引入增大控制器设计难度,通过误差转化,将不等式约束条件转化为等式约束;最后设计使得转化误差收敛的控制器。

考虑被控对象为

$$\dot{x} = f(x,t) + g(x,t)u \tag{4-1}$$

定义跟踪误差为

$$\xi = x - x_d \tag{4-2}$$

其中, x_d 为期望信号, 则

$$\dot{\xi} = \dot{x} - \dot{x}_d = f(x,t) + g(x,t)u - \dot{x}_d \quad (4-3)$$

对误差进行约束:

$$-\omega \leq \xi \leq \omega \quad (4-4)$$

式中: ω 为预设的性能函数, 决定跟踪误差的被包络范围。性能函数的选择需满足3个要求: ①性能函数在定义的时间域内恒为正且单调递减; ②性能函数是连续可导的; ③ $\lim_{t \to \infty} \omega(t) \to \omega_\infty > 0$, 其中 ω_∞ 被称为性能函数的终值。ω 通常选取为

$$\omega = (\omega_0 - \omega_\infty)e^{-\rho t} + \omega_\infty \quad (4-5)$$

式中: ω_0 为预设性能函数的初值, 满足条件 $\omega_0 > \xi_0$, 可定义为跟踪误差初值的 k 倍, 即 $\omega_0 = k|e(0)|$。ω_∞ 由可接受的稳态误差范围决定。ρ 决定性能函数衰减的速度, 也间接影响跟踪误差收敛时间。通过设置合适的性能函数参数, 即可实现对跟踪误差瞬态性能和稳态误差的定量调节, 其中 ω_0、ρ 和 ω_∞ 分别对应超调量、收敛速度和稳态精度的约束。

不等式约束条件式(4-4)给控制器的设计带来了额外的复杂度。为降低设计难度, 通过进行误差转换可以将不等式约束条件转化为等式约束, 转化函数如下:

$$\Gamma(\sigma) = \frac{e^\sigma - e^{-\sigma}}{e^\sigma + e^{-\sigma}} = \frac{\xi}{\omega} \quad (4-6)$$

式中: σ 为转化误差。转化函数 $\Gamma(\varepsilon): (-\infty, +\infty) \to (-1, 1)$ 满足以下特性:

(1) $\Gamma(\varepsilon)$ 光滑, 可逆且严格递增。

(2) $-1 < \Gamma(\varepsilon) < 1$。

(3) $\lim_{\varepsilon \to -\infty} \Gamma(\varepsilon) = -1$, $\lim_{\varepsilon \to +\infty} \Gamma(\varepsilon) = +1$。

通过进行误差转化, 设计的控制器只需保证 ε 是有界的, 即可保证约束 $-\omega \leq \xi \leq \omega$ 的实现。

求转化函数的逆函数, 得到转化误差公式如下:

$$\sigma = \frac{1}{2}\ln\left(\frac{1+\xi/\omega}{1-\xi/\omega}\right) \quad (4-7)$$

对其求导得到

$$\dot{\sigma} = \frac{\dot{\xi}\omega - \xi\dot{\omega}}{\omega^2 - \xi^2} = \chi(\dot{\xi} + \alpha\xi) \quad (4-8)$$

式中: $\chi = \omega/(\omega^2 - e^2)$; $\alpha = -\dot{\omega}/\omega$。

定义 Lyapunov 函数如下:

$$V = \frac{1}{2}\sigma^2 \quad (4-9)$$

从而有

$$\dot{V} = \sigma\dot{\sigma}$$
$$= \sigma\chi(\dot{\xi} + \alpha\xi)$$
$$= \sigma\chi(\dot{x} - \dot{x}_d + \alpha\xi)$$
$$= \sigma\chi(f(x,t) + g(x,t)u - \dot{x}_d + \alpha\xi) \quad (4-10)$$

为使得 $\dot{V} \leq 0$，可以设计控制器为

$$u = \frac{-f(x,t) + \dot{x}_d - \alpha\xi - \chi^{-1}\sigma}{g(x,t)} \quad (4-11)$$

此时：

$$\dot{V} = -\sigma^2 = -2V \quad (4-12)$$

对式（4-13）两边分别积分可以得到

$$V(t) = V(0)\mathrm{e}^{-2t} \quad (4-13)$$

由于 $V = \sigma^2/2$，则 σ 指数收敛，且当 $t \to \infty$ 时，$\sigma \to 0$。又由于 σ 是有界的，因而 ξ 始终满足约束条件，且在性能函数收敛前 ξ 也一并收敛。

4.2　二维预设性能攻击时间控制制导方法

4.2.1　二维剩余命中时间预测公式推导

本节将给出基于比例导引的剩余命中时间估计式的推导过程。考虑飞行器与目标的相对运动场景如图 4-1 所示，惯性坐标系 xOy 的原点位于飞行器的初始位置，x 轴指向目标，y 轴垂直于 x 轴，目标位置为 $(x_t, 0)$。

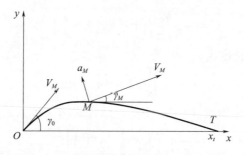

图 4-1　飞行器与目标相对运动几何图

飞行器与目标的相对运动方程为

$$\begin{cases} \dot{x} = V_M\cos\gamma_M \\ \dot{y} = V_M\sin\gamma_M \\ \dot{\gamma}_M = \dfrac{a_M}{V_M} \end{cases} \quad (4-14)$$

式中：$\dot{x}$、$\dot{y}$ 和 $\dot{\gamma}_M$ 分别为 x、y 和 γ_M 对时间的微分。假设 γ_M 为小角度（$\cos\gamma_M = 1$，$\sin\gamma_M = \gamma_M$），下式成立：

$$y' = \frac{dy}{dx} = \frac{dy}{dt} \cdot \frac{dt}{dx} = \frac{V_M\sin\gamma_M}{V_M\cos\gamma_M} = \gamma_M \quad (4-15)$$

式中：y' 为 y 对 x 的微分。当视线角 q 为小角度时，有如下近似关系：

$$q = -\frac{y}{x_t - x} \quad (4-16)$$

求其对 x 的导数：

$$q' = -\frac{y'}{(x_t - x)} - \frac{y}{(x_t - x)^2} \quad (4-17)$$

采用比例制导律 $a_M = N_S V_M \dot{q}$，则有 $\dot{\gamma}_M = N_S \dot{q}$，其中 $N_S > 2$ 为导航比。进而得到：

$$\gamma'_M = N_S q' \quad (4-18)$$

综合式(4-15)、式(4-17)和式(4-18)可得

$$y'' + \frac{N_S}{x_t - x}y' + \frac{N_S}{(x_t - x)^2}y = 0 \quad (4-19)$$

结合初始条件 $y(0) = 0$ 和 $y'(0) = \gamma_0$，可得微分方程的解为

$$y = \frac{\gamma_0}{N_S - 1}(x_t - x)\left(1 - \left(1 - \frac{x}{x_t}\right)^{N_S - 1}\right) \quad (4-20)$$

求式(4-20)对 x 的微分可得

$$y' = -\frac{\gamma_0}{N_S - 1}\left(1 - N_S\left(1 - \frac{x}{x_t}\right)^{N_S - 1}\right) \quad (4-21)$$

则飞行轨迹的长度为

$$s = \int_0^{x_t} \sqrt{1 + (y')^2}\, dx \quad (4-22)$$

由于假设 γ 为小角度，则 y' 为小量。结合式(4-21)，可以得到轨迹长度为

$$s \approx \int_0^{x_t} \left(1 + \frac{1}{2}(y')^2\right) dx$$

$$= x_f\left(1 + \frac{\gamma_0^2}{2(2N_S - 1)}\right) \quad (4-23)$$

剩余命中时间则可估计为

$$\hat{t}_g = \frac{x_f}{V_M}\left(1 + \frac{\gamma_0^2}{2(2N_S - 1)}\right) \qquad (4-24)$$

在制导过程中,可以将当前时刻作为初始时刻,建立 x 轴与视线方向一致的惯性坐标系。因此,上式可用来估计任意位置下飞行器相对目标的剩余命中时间,在这种情况下,前置角 ϕ 对应于上式的 γ_0,弹目距离 r 对应于 x_t,即

$$\hat{t}_g = \frac{r}{V_M}\left(1 + \frac{\phi^2}{2(2N_S - 1)}\right) \qquad (4-25)$$

4.2.2 二维预设性能攻击时间控制制导律设计

本节将设计二维预设性能攻击时间控制制导律,使得攻击时间误差的瞬态性能和稳态误差达到预置要求。飞行器相对静止目标的二维相对运动学质点模型为

$$\begin{cases} \dot{r} = -V_M\cos\phi \\ \dot{q} = \dfrac{-V_M\sin\phi}{r} \\ \dot{\gamma}_M = \dfrac{a_M}{V_M} \\ \phi = \gamma_M - q \end{cases} \qquad (4-26)$$

本节设计的控制律采用改进比例导引形式:

$$a_M = N_S V_M \dot{q} + a_c \qquad (4-27)$$

式中: $N_S > 2$ 为定常的导航比; a_c 为要设计的控制指令。

根据上一节可知,飞行器的剩余命中时间可通过以下方法预测:

$$\hat{t}_g = \frac{r}{V_M}\left(1 + \frac{\phi^2}{2(2N_S - 1)}\right) \qquad (4-28)$$

结合式(4-26),并假设前置角 ϕ 为小角度,可以得到 $\hat{t}_g$ 的导数如下:

$$\begin{aligned}
\dot{\hat{t}}_g &= -1 + \frac{\phi^2}{2} - \frac{\phi^2}{2(2N_S - 1)} + \frac{r\phi a_M}{V_M^2(2N_S - 1)} + \frac{\phi^2}{2N_S - 1} \\
&= -1 + \frac{\phi^2}{2} - \frac{\phi^2}{2(2N_S - 1)} + \frac{\phi^2(1 - N_S)}{(2N_S - 1)} + \frac{r\phi a_c}{V_M^2(2N_S - 1)} \\
&= f(\phi) + g(\phi)a_c
\end{aligned} \qquad (4-29)$$

其中:

$$f(\phi) = -1 + \frac{\phi^2}{2} - \frac{\phi^2}{2(2N_S - 1)} + \frac{\phi^2(1 - N_S)}{(2N_S - 1)}$$

$$g(\phi) = \frac{r\phi}{V_M^2(2N_S - 1)} \qquad (4-30)$$

攻击时间误差定义为

$$\xi = \hat{t}_g + t - T_d \tag{4-31}$$

为 ξ 选取与式(4-5)相同的性能函数：

$$\omega = (\omega_0 - \omega_\infty)\mathrm{e}^{-\rho t} + \omega_\infty \tag{4-32}$$

为实现包络约束 $-\omega \leq \xi \leq \omega$，引入误差转化函数：

$$\Gamma(\sigma) = \frac{\mathrm{e}^\sigma - \mathrm{e}^{-\sigma}}{\mathrm{e}^\sigma + \mathrm{e}^{-\sigma}} = \frac{\xi}{\omega} \tag{4-33}$$

求误差转化函数的逆函数，得到转化误差的公式为

$$\sigma = \frac{1}{2}\ln\left(\frac{1 + \xi/\omega}{1 - \xi/\omega}\right) \tag{4-34}$$

对式(4-34)求导可得

$$\dot{\sigma} = \frac{\dot{\xi}\omega - \xi\dot{\omega}}{\omega^2 - \xi^2} = \chi(\dot{\xi} + \alpha\xi) \tag{4-35}$$

式中：$\chi = \omega/(\omega^2 - e^2)$；$\alpha = -\dot{\omega}/\omega$。

结合式(4-29)、式(4-30)和式(4-35)，预设性能攻击时间控制制导律设计为

$$\begin{cases} a_M = N_S V_M \dot{q} + a_c = N_S V_M \dot{q} + \dfrac{-f - 1 - \alpha\xi - \chi^{-1}\sigma}{g} \\ g = \dfrac{r\phi}{V_M^2(2N_S - 1)} \\ f = -1 + \dfrac{\phi^2}{2} - \dfrac{\phi^2}{2(2N_S - 1)} + \dfrac{\phi^2(1 - N_S)}{2N_S - 1} \end{cases} \tag{4-36}$$

所设计的制导律包含两部分，前一项为常见的比例导引，用以实现命中目标；后一项则为对转换误差的反馈项，用以实现指定时间打击和性能约束。由于该制导律的设计方法与4.1节中的控制器式(4-11)完全一致，因而该制导律也能保证转换误差 σ 指数收敛，且当 $t \to \infty$ 时，$\sigma \to 0$，进而保证预设性能约束的实现。当攻击误差和转换误差收敛后，即 $\xi \to 0$ 和 $\sigma \to 0$ 时，提出的制导律将转换为普通的比例导引形式。

4.2.3 二维预设性能攻击时间控制制导仿真验证

以拦截空中静止目标为背景来验证所设计制导方法的有效性和适用性。飞行器和目标的初始位置选取为 $(0\mathrm{m},0\mathrm{m})$ 和 $(5000\mathrm{m},5000\mathrm{m})$，飞行器的参数设置为 $V_M = 280\mathrm{m/s}$，$\gamma_M(0) = 60°$。制导律参数设置为 $\rho = 0.5$，$k = 1.5$，$\omega_\infty = 0.2$，$N_S = 3$。加速度限幅为 $10g$。预定的攻击时刻设置为 $T_d = 30\mathrm{s}$。仿真结果如图4-2~图4-6所示。

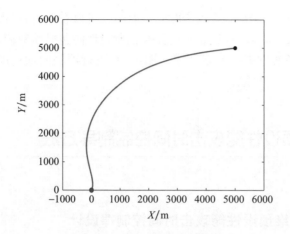

图4-2 飞行器的运动轨迹

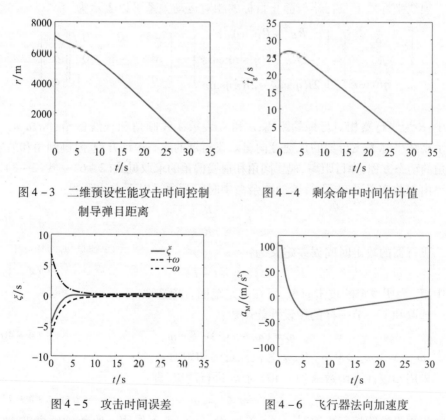

图4-3 二维预设性能攻击时间控制　　图4-4 剩余命中时间估计值
　　　制导弹目距离

图4-5 攻击时间误差　　　　　　　　图4-6 飞行器法向加速度

从图4-2飞行器的运动轨迹可以看出,二维平面下飞行器能够命中目标。从图4-3弹目距离曲线和图4-4剩余命中时间估计值曲线可以看出,弹目距离和剩余命中时间估计值都在期望攻击时间30s处归零,表明飞行器能够在指定时间到达目标。从图 4-5 攻击时间误差曲线可以看出,所提出的制导律能够使得攻击时间误差收敛,且误差始终控制在所设性能包络函数内,满足对误差函数瞬态性能和稳态性能的预设要求。图 4-6 飞行器法向加速度响应曲线则表明制导指令平滑、无抖颤。

4.3 三维预设性能攻击时间控制制导方法

4.3.1 三维预设性能攻击时间控制律设计

视线坐标系下飞行器与静止目标的相对运动关系可以表示为

$$\begin{bmatrix} \ddot{R} \\ R\ddot{\varepsilon} \\ -\ddot{\eta}R\cos\varepsilon \end{bmatrix} = \begin{bmatrix} R\dot{\varepsilon}^2 + R\dot{\eta}^2\cos^2\varepsilon \\ -2\dot{R}\dot{\varepsilon} - R\dot{\eta}^2\sin\varepsilon\cos\varepsilon \\ 2\dot{R}\dot{\eta}\cos\varepsilon - 2R\dot{\varepsilon}\dot{\eta}\sin\varepsilon \end{bmatrix} + \begin{bmatrix} -1 & 0 & 0 \\ 0 & -1 & 0 \\ 0 & 0 & -1 \end{bmatrix} \begin{bmatrix} a_R \\ a_\varepsilon \\ a_\eta \end{bmatrix}$$

(4-37)

式中:R 为飞行器相对目标的距离;ε 和 η 表示视线倾角和视线偏角;$[a_R a_\varepsilon a_\eta]^\mathrm{T}$ 表示视线坐标下飞行器的加速度向量。飞行器的质心运动方程、航迹倾角和航迹偏角的动态方程、弹目距离、视线倾角和视线偏角的求取见式(2-6)~式(2-8)。

由先验知识可知,飞行器的剩余命中时间可通过以下方法预测:

$$\hat{t}_g = -\frac{R}{\dot{R}}$$

(4-38)

飞行器的攻击时间误差定义为:

$$\tilde{t}_g = \hat{t}_g + t - T_d$$

(4-39)

式中:T_d 为所设定的攻击时刻,可在一定范围合理选取。

选取和上一节一样的预设性能函数:

$$\omega = (\omega_0 - \omega_\infty)\mathrm{e}^{-\rho} + \omega_\infty$$

(4-40)

式中:$\omega_0 > x_0 > \omega_\infty > 0, \rho > 0, x_0$ 为被控量的初始值。

采用预设性能函数式(4-40)对 $\tilde{t}_g$ 进行约束,即:

$$-\omega \leq \tilde{t}_g \leq \omega$$

(4-41)

当预设性能控制生效时,$\tilde{t}_g$ 将在 ω 和 $-\omega$ 的夹逼作用下收敛到一个极小的邻域内。

考虑到在式(4-41)的约束条件下难以直接设计控制,引入式(4-33)的误差转化公式:

$$\varphi(\sigma(t)) = \frac{e^\sigma - e^{-\sigma}}{e^\sigma + e^{-\sigma}} = \tilde{t}_g/\omega \qquad (4-42)$$

转换后的 σ 为

$$\sigma = \frac{1}{2}\ln\left(\frac{\omega + \tilde{t}_g}{\omega - \tilde{t}_g}\right) \qquad (4-43)$$

对式(4-43)求导可得

$$\dot{\sigma} = p\dot{\tilde{t}}_g - q\tilde{t}_g \qquad (4-44)$$

其中

$$\begin{aligned} p &= \frac{1}{2\rho}\left(\frac{1}{1+\varphi(\sigma(t))} + \frac{1}{1-\varphi(\sigma(t))}\right) \\ q &= \frac{1}{2}\left(\frac{\dot{\omega}}{\omega(\omega+\tilde{t}_g)} + \frac{\dot{\omega}}{\omega(\omega-\tilde{t}_g)}\right) \end{aligned} \qquad (4-45)$$

采用 4.1 节的控制器设计方法，飞行器的制导律设计为

$$\begin{cases} a_R = R\dot{\varepsilon}^2 + R\dot{\eta}^2\cos^2\varepsilon - (q\tilde{t}_g - k_1\sigma)\dot{R}^2/pR \\ a_\varepsilon = -2\dot{R}\dot{\varepsilon} - R\dot{\eta}^2\sin\varepsilon\cos\varepsilon + k_2 R\dot{\varepsilon} \\ a_\eta = -2\dot{R}\dot{\eta}\cos\varepsilon + 2R\dot{\varepsilon}\dot{\eta}\sin\varepsilon - k_3 R\dot{\eta}\cos\varepsilon \end{cases} \qquad (4-46)$$

即可满足控制要求，其中 $k_1 > 0, k_2 > 0, k_3 > 0$。

对视线切向方向上的制导律的稳定性证明可参考 4.1 节，在此不再赘述。预设性能函数使攻击时间控制误差有效收敛后，飞行器即可在期望的攻击时刻命中目标。

接下来对视线法向上的制导律进行稳定性分析。

选择 Lyapunov 函数 V_1 为

$$V_1 = \frac{1}{2}\dot{\varepsilon}^2 + \frac{1}{2}\dot{\eta}^2 \qquad (4-47)$$

对其求一阶导数，可得：

$$\begin{aligned} \dot{V}_1 &= \dot{\varepsilon}\ddot{\varepsilon} + \dot{\eta}\ddot{\eta} \\ &\leqslant -k_2\dot{\varepsilon}^2 - k_3\dot{\eta}^2 \\ &\leqslant -2k_m V_1 \end{aligned} \qquad (4-48)$$

式中：$k_m = \min\{k_2, k_3\}$。

由稳定性分析可知，视线法向上所设计的制导律可使 $\dot{\varepsilon}$ 和 $\dot{\eta}$ 渐进收敛。在 $\dot{\varepsilon}$ 和 $\dot{\eta}$ 均收敛后，飞行器即可有效命中目标。

4.3.2　三维攻击时间控制制导律仿真验证

以攻击地面静止目标为背景来验证所设计制导方法的有效性和适用性。飞

行器和目标的初始位置分别为(4048m,8500m,7565m),(0m,0m,0m),飞行器的参数设置为 $V_M = 330\text{m/s}, \theta = -10°, \psi = 10°, \omega_0 = 200, \omega_\infty = 0.01, \rho = 0.2, k_1 = 0.5, k_2 = k_3 = 1.6, h = 3, T_f = 10$,加速度限幅为10g。预定的攻击时刻设置为 $T_d = 30\text{s}$。仿真结果如图4-7~图4-14所示。

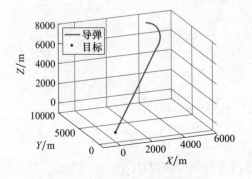

图4-7 三维飞行器运动轨迹

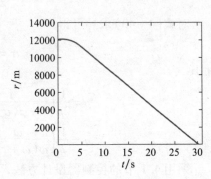

图4-8 飞行器与目标距离

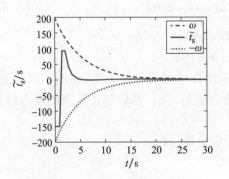

图4-9 攻击时间控制误差

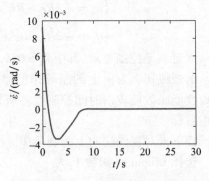

图4-10 飞行器视线倾角速率

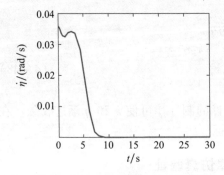

图4-11 飞行器视线偏角速率

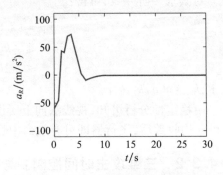

图4-12 视线切向加速度

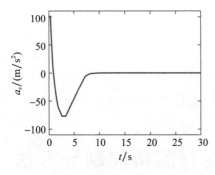
图 4-13　视线倾角方向加速度

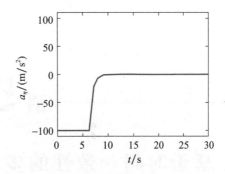
图 4-14　视线偏角方向加速度

由图 4-7 和图 4-8 可以看出，三维空间下飞行器能够在指定的攻击时刻命中目标，观察图 4-9 可得知，攻击时间误差在预设性能函数的作用下收敛。由图 4-9~图 4-14 可以看出，攻击时间误差、视线倾角、视线偏角和加速度曲线在前期波动较大是调整飞行时间和角速率的缘故，随着攻击时间误差和角速率的收敛，控制量也越来越小，从而获得了后期的直线弹道。

综上所述，所设计的三维攻击时间控制制导律能够实现飞行器对目标的指定时间命中，并且攻击时间误差能够控制在预设的包络线内，能够按照所期望的收敛效果完成收敛，该方法可应用于飞行器独立导引的指定时间同时命中目标的作战任务。

第 5 章
基于时间一致性的多飞行器协同制导方法

在协同制导方法中,各飞行器之间通过通信传输建立协调变量,最终实现攻击时刻的协调一致。根据飞行器在群体中承担"角色"的不同,协同制导方法可分为基于"主飞行器-从飞行器"架构的协同制导律和分布式协同制导律。

协同制导方法的设计大多可归纳总结为:设计一个一致性协调变量,通过实时反馈关于协调变量的一致性误差,实现一致性控制。协同变量的选择主要有剩余时间估计值或飞行器与目标之间的相对距离。在研究多飞行器同时命中目标的问题时,不管是剩余命中时间的一致性误差收敛问题还是距离一致性误差的收敛问题,都需要保证误差变量在飞行器命中目标之前实现收敛,所以误差的收敛时间对能否实现最终的多飞行器同时命中十分重要,而快速收敛特性主要取决于制导律设计采用的理论方法。渐近收敛在各种制导律方法设计中应用非常广泛,但是渐近收敛的收敛时间通常趋于无穷,因此始终伴随着小量的误差。尽管渐近收敛对于控制精度或者收敛时间要求不高的系统已经可以满足条件了,然而对一些精度要求比较高的系统,渐近收敛难以达到要求。因此,越来越多的研究者开始探索有限时间收敛控制方法,目前已有的绝大多数有限时间收敛控制方法的收敛时间是依赖于初始状态的,这对于一些初始状态未知或者难以测量的控制系统设计是不利的。因此,近些年在有限时间控制的基础上,固定时间收敛的控制方法被提出并广泛应用推广,与有限时间控制方法不同的是,固定时间控制的收敛时间与初始状态值无关。

对于多飞行器协同打击目标的研究,多智能体系统一致性协同控制理论为其提供了良好的理论支撑。飞行器攻击目标的动力学模型本质上是一个非线性模型,因此,将多智能体系统一致性协同控制的相关研究运用到多飞行器协同制导的研究工作中是合理的。

5.1 相关基础知识

5.1.1 矩阵理论知识

定义 1：对于矩阵 $Q \in R^{N \times N}$，若其特征值都处于左半开平面，则 Q 矩阵是 Hurwitz 的。

定义 2：对于矩阵 $W \in R^{N \times N}, F \in R^{N \times N}$，两者的直积（Kronecker 积）定义为：

$$A \otimes B = \begin{bmatrix} a_{11}B & a_{12}B & \cdots & a_{1n}B \\ a_{21}B & a_{22}B & \cdots & a_{2n}B \\ \vdots & \vdots & & \vdots \\ a_{m1}B & a_{m2}B & \cdots & a_{mn}B \end{bmatrix} \in R^{mp \times nq}$$

引理 11：直积的一些性质简列于下：
(1) $k(A \otimes B) = (kA) \otimes B = A \otimes (kB)$；
(2) $A \otimes (B + C) = A \otimes B + A \otimes C, (B + C) \otimes A = B \otimes A + C \otimes A$；
(3) $(A + B) \otimes (C + D) = A \otimes C + A \otimes D + B \otimes C + B \otimes D$；
(4) $(A \otimes B) \otimes C = A \otimes (B \otimes C) = A \otimes B \otimes C$；
(5) $(A \otimes B)^T = A^T \otimes B^T$；
(6) $(A \otimes B)(C \otimes D) = AC \otimes BD$，其中 A、B、C 和 D 为维数匹配的矩阵。

5.1.2 几种图的定义

在数学上，一个图（Graph）是表征对象与对象之间关系的方法，是图论的基本研究对象。图论中的图是由若干给定的点及连接两点的线所构成的图形，这种图形通常用来描述某些事物之间的某种特定关系，用点代表事物，用连接两点的线表示相应两个事物间具有这种关系。

定义图 $G = (V, E)$ 包含一个顶点集合 $V(G)$ 和一个边集合 $E(G)$，这里 $V(G) = \{v_1, v_2, \cdots, v_n\}, E(G) \subset \{(v_i, v_j) : v_i, v_j \in V(G)\}$，下面介绍本章节中涉及的图论中的几个概念。

有向图和无向图：如果给图 G 的每条边规定一个方向，那么得到的图称为有向图，其边也称为有向边。在有向图中，与一个节点相关联的边有出边和入边之分，而与一个有向边关联的两个点也有始点和终点之分。相反，边没有方向的图称为无向图。

二分图:又称作二部图,是图论中的一种特殊模型。设 $G=(V,E)$ 是一个无向图,如果顶点集合 $V(G)$ 可分割为两个互不相交的子集(A,B),并且图中的每条边(i,j)所关联的两个顶点 i 和 j 分别属于这两个不同的顶点集 $i \in A, j \in B$,则称图 $G=(V,E)$ 为一个二分图。

连通图:在一个无向图 $G=(V,E)$ 中,若从顶点 i 到顶点 j 有路径相连(也意味着从 j 到 i 有路径),则称 i 和 j 是连通的。如果 $G=(V,E)$ 是有向图,那么连接 i 和 j 的路径中所有的边都必须同向。如果图中任意两点都是连通的,那么图被称作连通图。

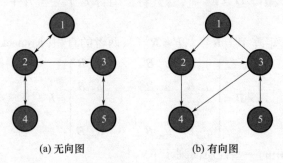

(a) 无向图　　　　(b) 有向图

图 5-1　无向图和有向图(其中箭头为信息传递方向)

多智能体系统的图拓扑[58]:这里假设多智能体系统包含 n 个个体,用集合 $N=\{1,2,\cdots,n\}$ 表示。每个智能体 $i \in N$ 用一个顶点 v_n 表示。智能体之间的信息传输关系用无向图 $G=(V,E)$ 的边集合 $E(G)$ 表示,也就是说智能体 i 的邻居智能体可以写成:$N_i = \{j \in N : (i,j) \in E\}$。在本书中,定义 $(i,i) \notin E$。

定义 $\boldsymbol{C}_G = [a_{ij}] \in \boldsymbol{R}^{N \times N}$ 为表征图 G 中边权值和顶点通信关系的邻接矩阵,如果 $(v_i, v_j) \in E$,则 $a_{ij} > 0$,与之相反,则 $a_{ij} = 0$。图 G 的拉普拉斯矩阵为 $\boldsymbol{L}_G = \boldsymbol{D}_G - \boldsymbol{C}_G$,其中 $\boldsymbol{D}_G = \mathrm{diag}(d_1, d_2, \cdots, d_N) \in \boldsymbol{R}^{N \times N}, d_i = \sum_{j=1}^{N} a_{ij}$。

引理 12:无向图的邻接矩阵 $\boldsymbol{C}_G$ 和拉普拉斯矩阵 $\boldsymbol{L}$ 都是对称的,当且仅当 $x_i = x_j (i,j=1,2,\cdots,N)$ 时,关系式 $\boldsymbol{x}^\mathrm{T} \boldsymbol{L} \boldsymbol{x} = \sum_{i=1}^{N} \sum_{j=1}^{N} a_{ij} (x_i - x_j)^2 / 2$ 成立。

5.1.3　协同控制相关理论

假设每个智能体的状态能够遵循如下的连续一阶动态方程:

$$\dot{x}_i(t) = u_i(t), i=1,2,\cdots,n \qquad (5-1)$$

式中:$x_i(t)$ 和 $u_i(t) \in R^m$ 分别为智能体 i 的状态和控制输入。对于该系统,如果采用常用的一致性算法:

$$u_i(t) = -\sum_{j=1}^{n} a_{ij} [x_i(t) - x_j(t)], i=1,2,\cdots,n \qquad (5-2)$$

则可以实现 x_i 的一致性控制,使得系统状态满足对任意 i 和 j,有:

$$\lim_{t \to +\infty} |x_i(t) - x_j(t)| = 0 \qquad (5-3)$$

与此类似，假设每个智能体的状态遵循如下连续二阶动态方程：

$$\begin{cases} \dot{x}_i(t) = v_i(t) \\ \dot{v}_i(t) = u_i(t), i = 1, 2, \cdots, n \end{cases} \qquad (5-4)$$

式中：$x_i(t)$、$v_i(t)$ 和 $u_i(t) \in R^m$ 分别为智能体 i 的位置、速度和控制输入。对于该系统，早期的一致性算法为：

$$u_i(t) = -\alpha \sum_{j=1}^{n} a_{ij}[x_i(t) - x_j(t)] - \beta \sum_{j=1}^{n} a_{ij}[v_i(t) - v_j(t)], i = 1, 2, \cdots, n \qquad (5-5)$$

则可以实现位置和速度的一致性控制，使得系统状态满足对任意 i 和 j，有：

$$\lim_{t \to +\infty} |x_i(t) - x_j(t)| = 0, \lim_{t \to +\infty} |v_i(t) - v_j(t)| = 0 \qquad (5-6)$$

5.2 基于时间一致性的二维协同制导方法

5.2.1 二维协同制导律设计与稳定性分析

二维平面多弹协同攻击示意图如图 5-2 所示。

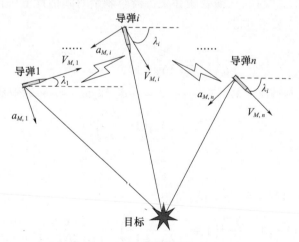

图 5-2 二维平面多弹协同攻击示意图

为了表述方便，用下标 i 来表示与第 i 枚飞行器相关的物理量，飞行器相对静止目标的二维相对运动学质点模型可以表述为：

$$\begin{cases} \dot{r}_i = -V_{Mi}\cos\phi_i \\ \dot{q}_i = \dfrac{-V_{Mi}\sin\phi_i}{r_i} \\ \dot{\gamma}_{Mi} = \dfrac{a_{Mi}}{V_{Mi}} \\ \phi_i = \gamma_{Mi} - q_i \end{cases} \quad (5-7)$$

由先验知识可知，每枚飞行器的剩余命中时间可通过以下方法预测：

$$\hat{t}_{g,i} = \dfrac{r_i}{V_i}\left(1 + \dfrac{\phi_i^2}{2(2N_S - 1)}\right) \quad (5-8)$$

其中，导航比 N_S 应满足 $N_S > 2$。

每架飞行器与其相邻飞行器的剩余时间估计的误差和，即剩余时间估计值的一致性误差定义为：

$$\xi_i = \sum_{j=1}^{n} a_{ij}(\hat{t}_{g,j} - \hat{t}_{g,i}) \quad (5-9)$$

式中：a_{ij} 为通信拓扑图邻接矩阵第 i 行第 j 列所对应的元。通过设计法向加速度 a_{Mi} 使得 $\xi_i = 0$，即可实现各飞行器同时命中目标。

在众飞行器之间的通信拓扑图为无向图的情况下，设计如下协同制导律：

$$a_{Mi} = N_S \dot{q} V_{Mi}(1 - k_i r_i \xi_i), i = 1, 2, \cdots, n \quad (5-10)$$

式中：$N_S > 2; k_i > 0$。从式(5-10)可以看出，所设计的协同制导律无须所有飞行器之间都进行信息交换，只需要相邻飞行器对剩余时间估计值进行交换。

对式(5-8)求导可得：

$$\dot{\hat{t}}_{g,i} = \dfrac{\dot{r}_i}{V_{Mi}}\left(1 + \dfrac{\phi_i^2}{2(2N_S - 1)}\right) + \dfrac{r_i \phi_i \dot{\phi}_i}{V_{Mi}(2N_S - 1)} \quad (5-11)$$

由于 ϕ_i 通常情况下较小，$1 - \phi_i^2/2 = \cos\phi_i$ 和 $\phi_i = \sin\phi_i$ 近似成立，因而：

$$\dot{r}_i = -V_{Mi}\left(1 - \dfrac{\phi_i^2}{2}\right) \quad (5-12)$$

$$\dot{\phi}_i = \dfrac{a_{Mi}}{V_{Mi}} + \dfrac{V_{Mi}\phi_i}{r_i} \quad (5-13)$$

根据式(5-12)和式(5-13)可得：

$$\dot{\hat{t}}_{g,i} = -\left(1 - \dfrac{\phi_i^2}{2}\right)\left(1 + \dfrac{\phi_i^2}{2(2N_S - 1)}\right) + \dfrac{r_i \phi_i}{V_{Mi}(2N_S - 1)}\left(\dfrac{a_{Mi}}{V_{Mi}} + \dfrac{V_{Mi}\phi_i}{r_i}\right)$$

$$= -1 + \dfrac{\phi_i^2}{2} - \dfrac{\phi_i^2}{2(2N_S - 1)} + \dfrac{r_i \phi_i a_{Mi}}{V_{Mi}^2(2N_S - 1)} + \dfrac{\phi_i^2}{2N_S - 1}$$

$$(5-14)$$

将协同制导律式(5-10)代入式(5-14)可得：

$$\dot{\hat{t}}_{g,i} = -1 + \frac{N_S \phi_i^2 k_{1i} r_i \xi_i}{2N_S - 1}, i = 1, 2, \cdots, n \quad (5-15)$$

由于飞行器之间的通信拓扑图为无向连通图，考虑如下 Lyapunov 函数：

$$V_1 = \frac{1}{4} \sum_{(i,j) \in \varepsilon} a_{ij} (\hat{t}_{g,j} - \hat{t}_{g,i})^2 = \frac{1}{2} \hat{\boldsymbol{t}}_g^\mathrm{T} \boldsymbol{L} \hat{\boldsymbol{t}}_g \quad (5-16)$$

式中：$\hat{\boldsymbol{t}}_g = [\hat{t}_{g,1}, \hat{t}_{g,2}, \cdots, \hat{t}_{g,n}]^\mathrm{T}$；$\boldsymbol{L}$ 是无向连通图 G 的拉普拉斯矩阵。由 $\boldsymbol{L}\boldsymbol{1} = 0$，$\boldsymbol{\xi} = -\boldsymbol{L}\hat{\boldsymbol{t}}_g$，并结合式(5-15)，可得 V_1 对时间的导数为：

$$\dot{V}_1 = \hat{\boldsymbol{t}}_g^\mathrm{T} \boldsymbol{L} \dot{\hat{\boldsymbol{t}}}_g$$

$$= -\frac{N_S}{2N_S - 1} \left(\sum_{i=1}^n k_i r_i \phi_i^2 \xi_i^2 \right) \quad (5-17)$$

定义 $\underline{k} = \min\{k_1, k_2, \cdots, k_n\}$。假设在 $\hat{t}_{g,i}, i = 1, 2, \cdots, n$ 达到一致之前 $r_i, \phi_i, i = 1, 2, \cdots, n$ 均未收敛到 0。在该假设下，存在正常数 r_m, ϕ_m 使 $r_i \geq r_m, |\phi_i| \geq \phi_m, i = 1, 2, \cdots, n$。于是有：

$$\dot{V}_1 \leq -\frac{N_S}{2N_S - 1} \left(\sum_{i=1}^n \underline{k} r_m \phi_m^2 \xi_i^2 \right)$$

$$\leq -\frac{N_S r_m \phi_m^2}{2N_S - 1} \underline{k} \boldsymbol{\xi}^\mathrm{T} \boldsymbol{\xi} \quad (5-18)$$

式中：$\boldsymbol{\xi} = [\xi_1, \xi_2, \cdots, \xi_n]^\mathrm{T}$。

由于 $\boldsymbol{1}^\mathrm{T} \boldsymbol{L} \boldsymbol{1} = (\boldsymbol{L}^{\frac{1}{2}} \boldsymbol{1})^\mathrm{T} (\boldsymbol{L}^{\frac{1}{2}} \boldsymbol{1}) = 0$，有 $\boldsymbol{L}^{\frac{1}{2}} \boldsymbol{1} = 0$，进一步可得 $\boldsymbol{1}^\mathrm{T} \boldsymbol{L}^{\frac{1}{2}} \hat{\boldsymbol{t}}_g = 0$。由于无向连通图 G 对应的拉普拉斯矩阵 $\boldsymbol{L}$ 是半正定矩阵，且零特征值是单根。故可得 $\hat{\boldsymbol{t}}_g^\mathrm{T} \hat{\boldsymbol{L}} \hat{\boldsymbol{t}}_g = (\boldsymbol{L}^{\frac{1}{2}} \hat{\boldsymbol{t}}_g)^\mathrm{T} \boldsymbol{L}^{\frac{1}{2}} \hat{\boldsymbol{t}}_g \geq \lambda_2 \hat{\boldsymbol{t}}_g^\mathrm{T} \hat{\boldsymbol{L}} \hat{\boldsymbol{t}}_g$，即 $\boldsymbol{\xi}^\mathrm{T} \boldsymbol{\xi} \geq 2\lambda_2 V_1$，其中 λ_2 为拉普拉斯矩阵 $\boldsymbol{L}$ 的最小非零特征值。因此，式(5-18)可转化为：

$$\dot{V}_1 \leq -\frac{2\lambda_2 N_S \underline{k} r_m \phi_m^2}{2N_S - 1} V_1 \quad (5-19)$$

由式(5-19)可知，V_1 可以渐进收敛至原点，故可通过调节参数 k_i 以影响协同误差 ξ_i 的收敛速率，使多飞行器达成对目标的协同命中。

本部分设计的制导方法是通过调整飞行轨迹来实现对目标的指定时间打击。为了实现协同误差的收敛，当 $\xi_i < 0$ 时，第 i 架飞行器将尽可能地增大曲率走弯路以减小误差的绝对值，与此相反，当 $\xi_i > 0$ 时将尽可能走捷径以减小误差。当 $\xi_i = 0$ 时，剩余时间估计式 $\hat{t}_{g,i}, i = 1, 2, \cdots, n$ 将代表飞行器的准确剩余时间，即各飞行器的剩余时间保持一致。通过这种闭环调整方式来实现多飞行器对目标的协同命中。

5.2.2 二维协同制导律仿真验证

为了验证多弹指定时间同时命中的齐射攻击效果,以打击空中静止目标为背景,选择 3 枚处于不同位置,并且速度不同的飞行器,具体位置和速度设置见表 5-1,目标的位置为 (10000m,10000m)。制导律参数设置为 $k_i = 8 \times 10^{-5} (i = 1,2,3)$,$N_S = 3$,仿真结果如图 5-4~图 5-8 所示。由仿真结果可知,所有的飞行器虽然初始位置和速度不同,但在所设计制导律下都能够同时命中目标,并且,协同误差收敛快速,法向加速度较平滑。

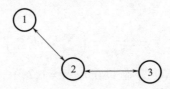

图 5-3 基于时间一致性的二维协同制飞行器间通信拓扑

表 5-1 基于时间一致性的二维协同制导方法弹体初始位置和速度

飞行器	位置/(m,m)	速度/(m/s)
飞行器 1	(0,2000)	300
飞行器 2	(0,-1000)	260
飞行器 3	(4000,0)	250

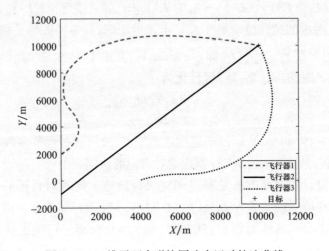

图 5-4 二维平面多弹协同攻击运动轨迹曲线

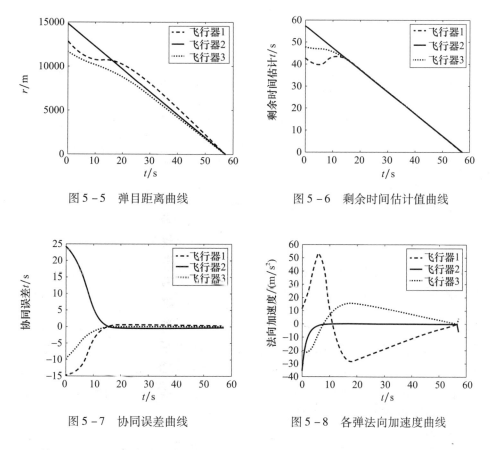

图 5-5　弹目距离曲线

图 5-6　剩余时间估计值曲线

图 5-7　协同误差曲线

图 5-8　各弹法向加速度曲线

综上所述,所设计的基于时间一致性的二维协同制导律能够实现对目标的协同命中,协同误差能够按要求快速稳定收敛,可应用于多飞行器对目标的饱和攻击。

5.3　基于时间一致性的三维协同制导方法

5.3.1　三维协同制导律设计与稳定性分析

视线坐标系下第 i 个飞行器与目标的相对运动关系可以表示为:

$$\begin{bmatrix} \ddot{R}_i \\ R_i\ddot{\varepsilon}_i \\ -\ddot{\eta}_i R_i\cos\varepsilon_i \end{bmatrix} = \begin{bmatrix} R_i\dot{\varepsilon}_i^2 + R\eta_i^2\cos^2\varepsilon_i \\ -2\dot{R}_i\dot{\varepsilon}_i - R_i\dot{\eta}_i^2\sin\varepsilon_i\cos\varepsilon_i \\ 2\dot{R}_i\dot{\eta}_i\cos\varepsilon_i - 2R_i\dot{\varepsilon}_i\dot{\eta}_i\sin\varepsilon_i \end{bmatrix} + \begin{bmatrix} -1 & 0 & 0 \\ 0 & -1 & 0 \\ 0 & 0 & -1 \end{bmatrix} \begin{bmatrix} a_{R,i}^L \\ a_{\varepsilon,i}^L \\ a_{\eta,i}^L \end{bmatrix}$$

(5-20)

式中：R_i 为飞行器相对目标的距离；ε_i 和 η_i 表示视线倾角和视线偏角； $[a_{R,i}^L \quad a_{\varepsilon,i}^L \quad a_{\eta,i}^L]^T$ 表示视线坐标下的加速度向量。飞行器的质心运动议程、航迹倾角和航迹偏角的动态方程、弹目距离、视线倾角和视线偏角的求取见式(2-6)~式(2-8)。

由先验知识可知，每枚飞行器的剩余命中时间可通过以下方法预测：

$$\hat{t}_{g,i} = -\frac{R_i}{\dot{R}_i} \tag{5-21}$$

每枚飞行器与其邻居的剩余时间估计的误差和，即剩余时间估计值的一致性误差定义为：

$$\xi_i = \sum_{j=1}^n a_{ij}(\hat{t}_{g,j} - \hat{t}_{g,i}) \tag{5-22}$$

式中：a_{ij} 为通信拓扑图邻接矩阵第 i 行第 j 列所对应的元。通过设计视线切向加速度 $a_{R,i}^L$ 使得 $\xi_i = 0$，即可实现飞行器指定时间命中目标，同时设计 $a_{\varepsilon,i}^L$ 和 $a_{\eta,i}^L$，使 $\dot{\varepsilon}_0$ 和 $\dot{\eta}_0$ 在期望的到达时间 T_d 前稳定收敛，则可以实现各飞行器协同打击目标。

为制导律设计需要，引入时变函数：

$$\psi(t) = \begin{cases} \dfrac{T_f^m}{(T_f - t)}, & t \in [0, T_f) \\ 1, & t \in [T_f, \infty) \end{cases} \tag{5-23}$$

式中：$m \geq 2$ 为正实数；$T_f > 0$。

Ψ 的一阶时间导数满足：

$$\dot{\psi}(t) = \begin{cases} \dfrac{m}{T_f}\psi^{1+\frac{1}{m}}, & t \in [0, T_f) \\ 0, & t \in [T_f, \infty) \end{cases} \tag{5-24}$$

主飞行器的到达时间可控制导律设计为：

$$\begin{cases} a_{R,i}^L = R_i\dot{\varepsilon}_i^2 + R_i\dot{\eta}_i^2\cos^2\varepsilon_i - (k_{1,i}\xi_i + k_{r,i}sig^\mu(\xi_i))\dot{R}_i^2/R_i \\ a_{\varepsilon,i}^L = -2\dot{R}_i\dot{\varepsilon}_i - R_i\dot{\eta}_i^2\sin\varepsilon_i\cos\varepsilon_i + \left(k_{2,i} + \dfrac{\dot{\psi}}{\psi}\right)R_i\dot{\varepsilon}_i \\ a_{\eta,i}^L = -2\dot{R}_i\dot{\eta}_i\cos\varepsilon_i + 2R_i\dot{\varepsilon}_i\dot{\eta}_i\sin\varepsilon_i - \left(k_{3,i} + \dfrac{\dot{\psi}}{\psi}\right)R_i\dot{\eta}_i\cos\varepsilon_i \end{cases} \tag{5-25}$$

式中:$k_{1,i} > 0$;$0 < \mu < 1$;$k_{2,i}$ 和 $k_{3,i}$ 为正实数。

对式(5-21)求导,可得:

$$\dot{\hat{t}}_{g,i} = \frac{R_i}{\dot{R}_i^2}(R_i\dot{\varepsilon}_i^2 + R_i\dot{\eta}_i^2\cos^2\varepsilon_i - a_{R,i}^L) \tag{5-26}$$

选择 Lyapunov 函数 W_1 为:

$$W_1 = \frac{1}{4}\sum_{(i,j)\in\varepsilon} a_{ij}(\hat{t}_{g,i} - \hat{t}_{g,j})^2 = \frac{1}{2}\hat{t}_g^T L \hat{t}_g \tag{5-27}$$

式中:$\hat{t}_g = [\hat{t}_{g,1}, \hat{t}_{g,2}, \cdots, \hat{t}_{g,n}]^T$;$L$ 为无向连通图 G 的拉普拉斯矩阵。

W_1 对时间的导数为:

$$\dot{W}_1 = \hat{t}_g^T L \dot{\hat{t}}_g \tag{5-28}$$

式中:$\dot{\hat{t}}_g = [\dot{\hat{t}}_{g,1}, \dot{\hat{t}}_{g,2}, \cdots, \dot{\hat{t}}_{g,n}]^T$。定义 $a_R^L = [a_{R,1}^L, a_{R,2}^L, \cdots, a_{R,n}^L]^T$,将 a_R^L 带入式(5-28),并由 $L\mathbf{1} = 0$,$\xi = -L\hat{t}_g$ 可以得出:

$$\dot{W}_1 = \hat{t}_g^T L\left(\sum_{i=1}^n k_{1,i}\xi_i^2 + \sum_{i=1}^n k_{r,i}|\xi_i|^{1+\mu}\right) \tag{5-29}$$

定义 $\xi = [\xi_1, \xi_2, \cdots, \xi_n]^T$,$\underline{k_1} = \min\{k_{1,1}, k_{2,2}, \cdots, k_{1,n}\}$,$\underline{k_r} = \min\{k_{r,1}, k_{r,1}, \cdots, k_{r,n}\}$,于是有:

$$\dot{W}_1 \leq -\hat{t}_g^T L\left(\sum_{i=1}^n \underline{k_1}\xi_i^2 + \sum_{i=1}^n \underline{k_r}|\xi_i|^{1+\mu}\right)$$

$$\leq -\underline{k_1}\xi^T\xi - \underline{k_r}(\xi^T\xi)^{\frac{1+\mu}{2}} \tag{5-30}$$

由于无向连通图 G 对应的拉普拉斯矩阵 L 是半正定矩阵,且零特征值是单根。故可得 $\hat{t}_g^T LL\hat{t}_g = (L^{\frac{1}{2}}\hat{t}_g)^T LL^{\frac{1}{2}}\hat{t}_g \geq \lambda_2\hat{t}_g^T L\hat{t}_g$,即 $\xi^T\xi \geq 2\lambda_2 W_1$,其中 λ_2 为拉普拉斯矩阵 L 的最小非零特征值。因此,式(5-30)可转化为:

$$\dot{W}_1 \leq -2\underline{k_1}\lambda_2 W_1 - 2\underline{k_r}\lambda_2 W_1^{\frac{1+\mu}{2}} \tag{5-31}$$

结合引理 3,由式(5-31)可得,W_1 在有限时间内收敛至 0,故说明剩余时间估计值 $\hat{t}_{g,i}$,$i = 1, 2, \cdots, n$ 在有限时间内达到一致,剩余时间估计值的一致性误差 ξ_i 在有限时间内收敛至 0,且收敛时间 T 满足不等式:

$$T \leq \frac{1}{\lambda_2 \underline{k_1}(1-\mu)}\ln\frac{\underline{k_1}W_1^{\frac{1-\mu}{2}}(0) + \underline{k_r}}{\underline{k_r}} \tag{5-32}$$

选择 Lyapunov 函数 W_2 为:

$$W_2 = \frac{1}{2}\dot{\varepsilon}_i^2 + \frac{1}{2}\dot{\eta}_i^2 \tag{5-33}$$

W_2 的一阶时间导数为:

$$\dot{W}_2 = \dot{\varepsilon}_i \ddot{\varepsilon}_i + \dot{\eta}_i \ddot{\eta}_i$$

$$\leq -\left(k_m + \frac{\dot{\psi}}{\psi}\right)(\dot{\varepsilon}_i^2 + \dot{\eta}_i^2)$$

$$\leq -2\left(k_m + \frac{\dot{\psi}}{\psi}\right)W_2 \tag{5-34}$$

式中:$k_m = \min\{k_{2,i}, k_{3,i}\}$。

在式(5-34)的两端同时乘以 ψ^2 可得:

$$\psi^2 \dot{W}_2 \leq -2k_m \psi^2 W_2 - 2\psi\dot{\psi} W_2 \tag{5-35}$$

整理式(5-35)可得:

$$\frac{\mathrm{d}(\psi^2 W_2)}{\mathrm{d}t} \leq -2k_m \psi^2 W_2 \tag{5-36}$$

对方程两端积分可得:

$$W_2 \leq \psi^{-2} \exp^{-2k_m t} W_2(0) \tag{5-37}$$

式中:$W_2(0)$ 为 W_2 的初始值。

进一步可得:

$$\|\varepsilon_i\|^2 + \|\eta_i\|^2 \leq 2\psi^{-2} \exp^{-2k_m t} \|W_2(0)\| \tag{5-38}$$

由于 $\lim_{t \to T_f} \psi^{-2} = 0$,可得当 $t = T_f$ 时 $\varepsilon_i = \eta_i = 0$,又因为 $k_m > 0$ 和 $\dot{\psi}/\psi \geq 0$,故对于 $t \in (T_f, \infty)$,$\dot{W}_2 \leq 0$。当 $t > T_f$ 时,W_2 依然能够保持在原点。因此,W_2 能够保证固定时间收敛,且收敛时间小于 T_f。

鉴于 $\lim_{t \to T_f} \psi \to \infty$,有必要分析式(5-25)中 $\dot{\psi}\varepsilon_i/\psi$ 和 $\dot{\psi}\eta_i/\psi$ 在 $t = T_f$ 时的有界性,由式(5-38)可得:

$$\begin{bmatrix} \|\dot{\varepsilon}_i\| \\ \|\dot{\eta}_i\| \end{bmatrix} \leq \sqrt{2}\psi^{-1} \exp^{-k_m t} \|W_1(0)\|^{\frac{1}{2}} \begin{bmatrix} 1 \\ 1 \end{bmatrix} \tag{5-39}$$

考虑到:

$$\frac{\dot{\psi}}{\psi} = \begin{cases} \frac{m}{T_f} \psi^{\frac{1}{m}}, & t \in [0, T_f) \\ 0, & t \in [T_f, \infty) \end{cases} \tag{5-40}$$

进一步可得:

$$\begin{bmatrix} \dot{\psi}\varepsilon_i/\psi \\ \dot{\psi}\eta_i/\psi \end{bmatrix} \leq \frac{m\psi^{\frac{1}{m}}}{T_f} \begin{bmatrix} \|\dot{\varepsilon}_i\| \\ \|\dot{\eta}_i\| \end{bmatrix} \leq \frac{\sqrt{2}m}{T_f} \psi^{-(1-\frac{1}{m})} \exp^{-k_m t} \|W_1(0)\|^{\frac{1}{2}} \begin{bmatrix} 1 \\ 1 \end{bmatrix}$$

$$\tag{5-41}$$

由于 $m \geq 2$,故 $1 - 1/m > 0$,$\lim_{t \to T_f} \psi^{-(1-1/m)} = 0$ 成立。因此,所设计的视线法

向上的制导律是一致最终有界的。

由以上分析可知,ξ_i 可实现有限时间收敛,$\dot\varepsilon_i$ 和 $\dot\eta_i$ 能够实现固定时间收敛。为提升攻击时间控制精度,可设置 $T_f \leqslant T_d$ 保证攻击时间误差收敛时间先于攻击时间指令 T_d。

5.3.2 三维协同制导律仿真验证

为验证所设计攻击时间控制方法的有效性,以空中飞行器打击地面固定目标为背景,选择 5 枚处于不同位置,并且速度不同的飞行器,具体位置和速度设置见表 5-2,目标的位置为 (0m,0m,0m)。制导律参数设置为 $k_{1,i} = k_{2,i} = k_{3,i} = 20$,$k_{r,i} = 2$,$\mu = 0.5$,$m = 3$,$T_f = 20$,仿真结果如图 5-9 ~ 图 5-17 所示。

表 5-2 基于时间一致性的三维协同制导方法弹体初始位置和速度

飞行器	初始位置/m	初始速度/(m/s)	初始航迹倾角/(°)	初始航迹偏角/(°)
飞行器 1	(4048,8500,7565)	330	-10	-10
飞行器 2	(5960,6191,9596)	350	-10	5
飞行器 3	(6561,5000,4680)	310	-10	10
飞行器 4	(8116,7382,5910)	310	-10	0
飞行器 5	(4116,7382,7910)	310	0	0

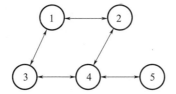

图 5-9 基于时间一致性的三维协同制飞行器间通信拓扑

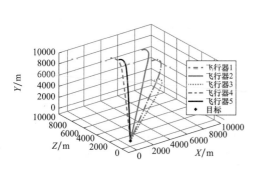

图 5-10 三维空间下多飞行器协同攻击运动轨迹

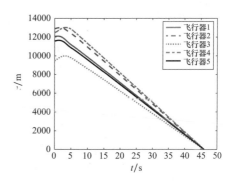

图 5-11 三维空间下多飞行器协同攻击弹目距离

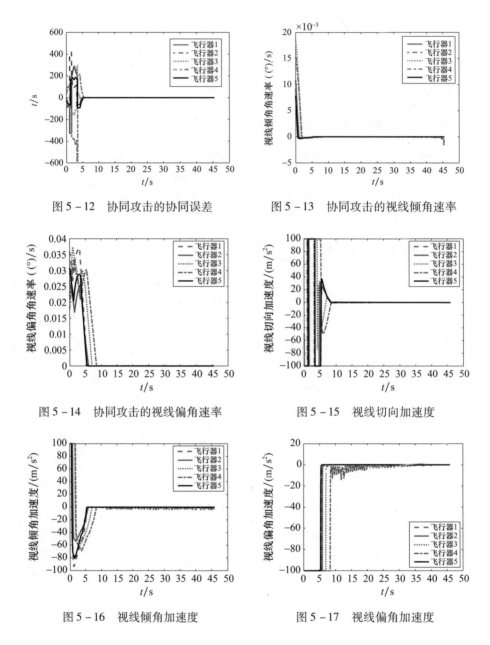

图 5-12　协同攻击的协同误差

图 5-13　协同攻击的视线倾角速率

图 5-14　协同攻击的视线偏角速率

图 5-15　视线切向加速度

图 5-16　视线倾角加速度

图 5-17　视线偏角加速度

由仿真结果(图 5-10~图 5-17)可以看出,三维空间下的 5 枚飞行器能够协同飞行,同时命中目标,飞行器在起始阶段通过变化轨迹来调整飞行时间,当协同误差收敛至 0 后弹道将趋于平直。而视线倾角、视线偏角和加速度曲线在前期波动较大也是调整飞行时间和角速率的缘故,随着协同误差和角速率的收敛,控制量也越来越小,从而获得了后期的直线弹道。故可应用于多飞行器对目标的饱和攻击。

5.4 基于分布式观测器的多飞行器协同制导

5.4.1 基于分布式观测器的协同制导方法

考虑固定目标和恒速飞行器,三维空间下飞行器的质心运动相对方程已由式(2-6)给出,航迹倾角和航迹偏角的动态方程已由式(2-7)给出。对于主-从多飞行器协同制导,可独立设计主飞行器的导引律,主飞行器采用比例导引:

$$\begin{cases} a_{y,0} = -N_S \dfrac{V_0^2}{R_0}\sin\theta_0\cos\psi_0 \\ a_{z,0} = N_S \dfrac{V_0^2}{R_0}\sin\psi_0 \end{cases} \quad (5-42)$$

式中:下标 0 代表主飞行器;N_S 为导航比。

定义飞行器 $i(i=0,1,2,\cdots,n)$ 的协同变量为 $\lambda_i = R_i/V_i$,其中下标 i 代表飞行器编号。

则可建立关系式:

$$\begin{cases} \dot{\lambda}_i = v_i \\ \dot{v}_i = -\dfrac{a_{z,i}}{V_i}\sin\psi_i + \dfrac{a_{y,i}}{V_i}\sin\theta_i\cos\psi_i + \dfrac{V_i}{R_i}\sin^2\theta_i + \dfrac{V_i}{R_i}\cos^2\theta_i\sin^2\psi_i \end{cases} \quad (5-43)$$

式中:v_i 为协同变量的导数。

接下来将提出分布式观测器,使得各从飞行器能够对主飞行器的状态 λ_0 和 v_0 进行准确估计,各从飞行器通过跟踪估计值实现与主飞行器状态的协同一致。

定义 $\hat{\lambda}_0^i$ 和 $\hat{v}_0^i$ 分别为第 i 个从飞行器对 λ_0 和 v_0 的估计值,提出的分布式观测器为:

$$\begin{cases} e_{1,i} = \sum_{j=1}^{n}(\hat{\lambda}_0^i - \hat{\lambda}_0^j) + m_i(\hat{\lambda}_0^i - \lambda_0) \\ e_{2,i} = \sum_{j=1}^{n}(\hat{v}_0^i - \hat{v}_0^j) + m_i(\hat{v}_0^i - v_0) \\ \dot{\hat{\lambda}}_0^i = \hat{v}_0^i - \alpha_1 e_{1,i} - \beta_1|e_{1,i}|^{\mu_1}\mathrm{sign}(e_{1,i}) \\ \dot{\hat{v}}_0^i = -\alpha_2 e_{2,i} - \beta_2|e_{2,i}|^{\mu_2}\mathrm{sign}(e_{2,i}) \end{cases} \quad (5-44)$$

式中:α_1、β_1、α_2 和 β_2 为正实数;$0 < \mu_1$;$\mu_2 < 1$。

定义:

$$\begin{cases} \xi_{\lambda,i} = \lambda_i - \hat{\lambda}_0^i \\ \xi_{v,i} = v_i - \hat{v}_0^i \end{cases} \quad (5-45)$$

此时,协同制导律将改进为:

$$\begin{cases} a_{y,i} = -\dfrac{V_i}{2\sin\theta_i\sin\psi_i}(k_{1,i}\xi_{\lambda,i} + k_{2,i}\xi_{v,i} - \dot{\hat{v}}_0^i) - \dfrac{V_i^2}{R_i}\sin\theta_i\sin\psi_i \\ a_{z,i} = \dfrac{V_i}{2\sin\psi_i}(k_{1,i}\xi_{\lambda,i} + k_{2,i}\xi_{v,i} - \dot{\hat{v}}_0^i) + \dfrac{V_i^2}{R_i}\sin\psi_i \end{cases} \quad (5-46)$$

为便于分析分布式观测器的稳定性,定义估计误差为:

$$\begin{cases} e_{\lambda,i} = \hat{\lambda}_0^i - \lambda_0 \\ e_{v,i} = \hat{v}_0^i - v_0 \end{cases} \quad (5-47)$$

则式(5-44)中的 $e_{1,i}$ 和 $e_{2,i}$ 可表示为:

$$\begin{cases} e_{1,i} = \sum_{j=1}^{n} a_{ij}(e_{\lambda,i} - e_{\lambda,j}) + m_i e_{\lambda,i} \\ e_{2,i} = \sum_{j=1}^{n} a_{ij}(e_{v,i} - e_{v,j}) + m_i e_{v,i} \end{cases} \quad (5-48)$$

定义 L 为从飞行器通信拓扑的拉普拉斯矩阵,$M = \mathrm{diag}(m_1, m_2, \cdots, m_n)$,$H = L + M$,$e_1 = [e_{1,1}, e_{1,2}, \cdots, e_{1,n}]^\mathrm{T}$,$e_2 = [e_{2,1}, e_{2,2}, \cdots, e_{2,n}]^\mathrm{T}$。选取 Lyapunov 函数 W_1 为:

$$W_1 = \frac{1}{2} e_2^\mathrm{T} H e_2 \quad (5-49)$$

W_1 的一阶时间导数可表示为:

$$\begin{aligned} \dot{W}_1 &= e_2^\mathrm{T} H \dot{e}_2 \\ &= e_2^\mathrm{T} H(-\alpha_2 H e_2 - \beta_2 |He_2|^{\mu_2}\mathrm{sign}(He_2)) \\ &\quad - \dot{v}_0 e_2^\mathrm{T} H \mathbf{1}_n \end{aligned} \quad (5-50)$$

由于实际情况下在命中时刻主飞行器质心和目标质心之间的距离并非严格为 0,而是一个极小值,因此 $\dot{v}_0$ 是有界的,满足 $|\dot{v}_0| \leq \bar{v}_0$,其中 $\bar{v}_0$ 为上界。

根据引理 11 和引理 12,可得:

$$\begin{aligned} \dot{W}_1 &= -\alpha_2 \|He_2\|_2^2 - \beta_2 \|He_2\|_{1+\mu_2}^{1+\mu_2} - \dot{v}_0 e_2^\mathrm{T} H \mathbf{1}_n \\ &\leq -\alpha_2 \|He_2\|_2^2 - \beta_2 n^{\frac{1-\mu_2}{2}} \|He_2\|_2^{1+\mu_2} + \bar{v}_0 \|He_2\|_2 \end{aligned} \quad (5-51)$$

因为:

$$\begin{cases} \| \boldsymbol{He}_2 \|_2 \leqslant \sqrt{2\lambda_{\min}^H W_1} \\ \overline{v}_0 \| \boldsymbol{He}_2 \|_2 \leqslant \dfrac{\| \boldsymbol{He}_2 \|_2^{1+\mu_2}}{1+\mu_2} + \dfrac{\overline{v}_0^{\zeta_1}}{\zeta_1} \end{cases} \quad (5-52)$$

式中:$\lambda_{\min}^H$ 表示矩阵 $\boldsymbol{H}$ 的最小正特征值;ζ_1 为满足 $1/(1+\mu_2)+1/\zeta_1=1$ 的实数。

进一步可得:

$$\dot{W}_1 \leqslant -\varepsilon_1 W_1 - \varepsilon_2 W_1^{\frac{1+\mu_2}{2}} + \frac{\overline{v}_0^{\zeta_1}}{\zeta_1} \quad (5-53)$$

式中:$\varepsilon_1 = 2\alpha_2 \lambda_{\min}^H$;$\varepsilon_2 = \beta_2 n^{\frac{1-\mu_2}{2}} (2\lambda_{\min}^H)^{\frac{1+\mu_2}{2}} - 1/(1+\alpha_1)$。

根据引理 1 可知,W_1 是有限时间收敛的,$e_{2,i}$ 在有限时间 T_1 内收敛至邻域 $\Omega_i = \{e_{i,2}: |e_{i,2}| \leqslant \delta_i\}$,通过参数调节可以使得 δ_i 足够小。

进一步选取 Lyapunov 函数 W_2 为:

$$W_2 = \frac{1}{2} \boldsymbol{e}_1^{\mathrm{T}} \boldsymbol{He}_1 \quad (5-54)$$

W_2 的一阶时间导数满足:

$$\begin{aligned} \dot{W}_2 &= \boldsymbol{e}_1^{\mathrm{T}} \boldsymbol{H} \dot{\boldsymbol{e}}_1 \\ &\leqslant \boldsymbol{e}_1^{\mathrm{T}} \boldsymbol{H}(-\alpha_1 \boldsymbol{He}_1 - \beta_1 |\boldsymbol{He}_1|^{\mu_1} \mathrm{sign}(\boldsymbol{He}_1)) - \boldsymbol{e}_1^{\mathrm{T}} \boldsymbol{He}_2 - \cos\theta_0 \cos\psi_0 \boldsymbol{e}_1^{\mathrm{T}} \boldsymbol{H} \boldsymbol{1}_n \end{aligned} \quad (5-55)$$

定义 $\delta_{\max} = \max\{\delta_1, \delta_2, \cdots, \delta_n\}$,当 $t > T_1$ 时,鉴于 $|\cos\theta_0 \cos\psi_0 \boldsymbol{1}_n| \leqslant 1$,可得:

$$\dot{W}_2 \leqslant -\alpha_1 \| \boldsymbol{He}_1 \|_2^2 - \beta_1 \| \boldsymbol{He}_1 \|_{1+\mu_1}^{1+\mu_1} + (\delta_{\max} + 1) \| \boldsymbol{He}_1 \|_2 \quad (5-56)$$

类同式(5-51),采用同样的分析方式可知 W_2 也是有限时间收敛的,即 $e_{1,i}$ 将在有限时间内收敛到一个足够小的可控邻域内。因此,所设计的分布式观测器可保证各从飞行器对主飞行器状态 λ_0 和 v_0 的有效估计。

$\xi_{\lambda,i}$ 和 $\xi_{v,i}$ 的动态变化满足关系式:

$$\begin{cases} \dot{\xi}_{\lambda,i} = \xi_{v,i} \\ \dot{\xi}_{v,i} = -\dfrac{a_{z,i}}{V_i}\sin\psi_i + \dfrac{a_{y,i}}{V_i}\sin\theta_i\cos\psi_i + \dfrac{V_i}{R_i}\sin^2\theta_i + \dfrac{V_i}{R_i}\cos^2\theta_i\sin^2\psi_i - \dot{v}_0^i \end{cases} \quad (5-57)$$

将式(5-46)代入式(5-57)可得:

$$\begin{cases} \dot{\xi}_{\lambda,i} = \xi_{v,i} \\ \dot{\xi}_{v,i} = -k_{1,i}\xi_{\lambda,i} - k_{2,i}\xi_{v,i} \end{cases} \quad (5-58)$$

根据二阶系统线性控制理论可知,$\xi_{\lambda,i}$ 和 $\xi_{v,i}$ 是渐进稳定的,即:

$$\begin{cases} \lim_{t\to\infty} \lambda_i = \hat{\lambda}_0^i \\ \lim_{t\to\infty} v_i = \hat{v}_0^i \end{cases} \quad (5-59)$$

因此，基于分布式观测器的估计值，通过（式(5-46)）即可实现各从飞行器与主飞行器的状态一致，达到同时命中目标。

已有的一些三维协同制导方法中，俯仰通道加速度采用比例导引方式，并未直接参与协同变量的一致性控制，仅仅通过偏航加速度来实现命中时间的协同一致。受文献[24]启发，本方法综合考虑了能量消耗，同时利用偏航加速度和俯仰加速度实现多飞行器对目标的同时命中。

本节中主飞行器和从飞行器皆为恒速，从飞行器通过调节速度方向来实现命中时间的一致。有必要注意的是，由于主飞行器的状态不受从飞行器的影响，若主飞行器的飞行时间过短，从飞行器由于初始距离或自身速度的限制，即使其速度方向对准目标，$\lambda_j(j=1,2,\cdots,n)$ 也会无法同步于主飞行器状态 λ_0。因此，应选取飞行速度小、与目标距离远的飞行器作为主飞行器，使得初始状态满足 $\lambda_0(0) > \lambda_j(0)$。

▶▶▶ 5.4.2 基于分布式观测器的协同制导仿真验证

为了验证所提出方法的有效性，选用 5 枚处于不同初始位置的飞行器（1 枚主飞行器和 4 枚从飞行器）在提出的协同制导律下对固定目标进行协同打击。

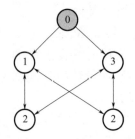

图 5-18 飞行器通信拓扑关系

目标的位置设置在原点，各飞行器的速度和初始位置如表 5-3 所示。飞行器通信拓扑关系如图 5-18 所示，其中主飞行器标号为 0，从飞行器 1 和 3 可接收主飞行器的单向信息，从飞行器之间为双向通信。飞行器最大俯仰加速度和偏航加速度都限制为 100m/s^2。参数设置为 $k_{1,i}=1$，$k_{2,i}=2$，$N_s=3$，$\alpha_1=10$，$\alpha_2=8$，$\beta_1=1.5$，$\beta_2=3$，$\mu_1=\mu_2=0.5$。

表 5-3 飞行器速度和初始位置

飞行器	初始位置/(m,m,m)	速度/(m/s)
主飞行器 0	(-4600,-5500,1300)	280
从飞行器 1	(-3700,-1300,6800)	310
从飞行器 2	(-4500,-2600,5200)	320
从飞行器 3	(-4980,-4200,3750)	330
从飞行器 4	(-3950,-6800,1400)	310

由图 5-19~图 5-28 可看出,多飞行器采用分布式观测器的协同制导律可保证同时命中目标,所设计分布式观测器中的 $\hat{\lambda}_0^i$ 和 $\hat{v}_0^i$ 能够准确估计 λ_0 和 v_0。θ、ψ、$a_{y,i}$ 和 $a_{z,i}$ 在经过初始阶段较大幅度的调整后,随后的变化趋于稳定。

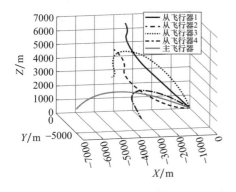

图 5-19 三维飞行轨迹

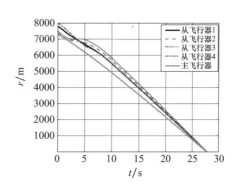

图 5-20 弹目距离

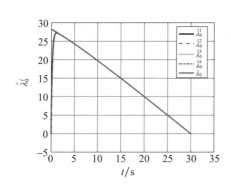

图 5-21 分布式观测器响应

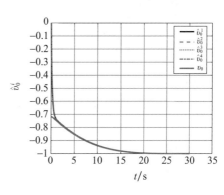

图 5-22 分布式观测器响应

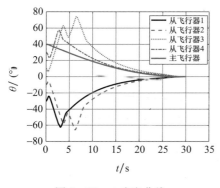

图 5-23 θ 响应曲线

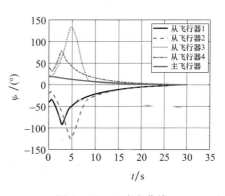

图 5-24 ψ 响应曲线

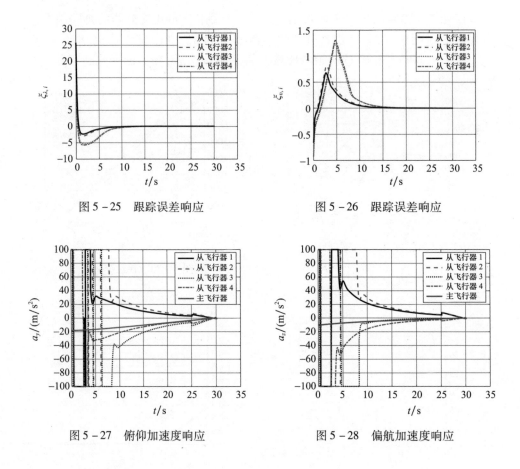

图 5-25　跟踪误差响应　　　　　图 5-26　跟踪误差响应

图 5-27　俯仰加速度响应　　　　图 5-28　偏航加速度响应

5.5　多群组飞行器攻击时间控制协同制导方法

本节考虑多主－多从式群组飞行器的协同制导问题,提出了可使得多个飞行器群组在指定时间同时命中目标的协同制导方法。首先,基于剩余命中时间一致性给出多主飞行器的攻击时间控制协同制导律,使得主飞行器能够在指定时间同时命中目标;在此基础上,为每个主飞行器所在群组的从飞行器给出基于距离一致性的协同制导律,使得从飞行器－目标距离同步于主飞行器－目标距离,从而实现所有飞行器对目标的指定时间同时命中。理论分析表明,主飞行器和从飞行器的协同制导律都具备固定时间收敛特性。仿真结果验证了所提出方法的正确性和有效性。

5.5.1 群组飞行器相对目标运动数学模型

不失一般性,假设 n 组飞行器群打击静止目标,每组飞行器各包含 1 枚主飞行器和 $m_k(k=1,2,\cdots,n)$ 枚从飞行器。针对二维平面下对固定目标的打击问题,假设飞行器间通信拓扑图为连通图,主飞行器相对目标运动数学模型可由下式描述:

$$\begin{cases} \dot{r}_k = -V_k\cos\phi_k \\ \dot{q}_k = \dfrac{-V_k\sin\phi_k}{r_k} \\ \dot{\gamma}_k = \dfrac{a_k}{V_k} \\ \phi_k = \gamma_k - q_k \end{cases} \quad (5-60)$$

式中:r_k 为第 k 枚主飞行器与目标之间的距离,$k=1,2,\cdots,n$;V_k 为第 k 枚主飞行器的飞行速度;q_k 为视线角;γ_k 和 ϕ_k 分别为航迹角和前置角;法向加速度 a_k 垂直于速度方向。

第 k 组飞行器群中第 f 个从飞行器相对目标的运动关系可以表示为:

$$\begin{cases} \dot{r}_f^k = -V_f^k\cos\phi_f^k \\ \dot{q}_f^k = -V_f^k\sin\phi_f^k/r_f^k \\ \dot{V}_f^k = a_{t,f}^k \\ \dot{\gamma}_f^k = a_{n,f}^k/V_j^k \\ \phi_f^k = \gamma_f^k - q_f^k \end{cases} \quad (5-61)$$

式中:r_f^k 表示第 k 组飞行器群中第 f 个从飞行器与目标的距离;q_f^k、γ_f^k、ϕ_f^k 和 V_f^k 表示第 f 个从飞行器的视线角、航迹角、前置角和速度。与主飞行器不同,从飞行器可以利用切向加速度 $a_{t,f}^k$ 和法向加速度 $a_{n,f}^k$ 分别来调整速度的大小和方向。

定义:

$$\begin{cases} V_{r,f}^k = -V_f^k\cos\phi_f^k \\ V_{q,f}^k = -V_f^k\sin\phi_f^k \end{cases} \quad (5-62)$$

则进一步可得:

$$\begin{cases} \dot{r}_f^k = V_{r,f}^k \\ \dot{V}_{r,f}^k = (V_{q,f}^k)^2/r_f^k - a_{r,f}^k \\ \dot{q}_i^k = V_{q,f}^k/r_f^k \\ \dot{V}_{q,f}^k = -V_{q,f}^k V_{r,f}^k/r_f^k - a_{q,f}^k \end{cases} \quad (5-63)$$

式中：$V_{r,f}^k$ 和 $V_{q,f}^k$ 分别为从飞行器的速度沿着和垂直于视线方向的分量；$a_{r,f}^k$ 和 $a_{q,f}^k$ 为第 k 组飞行器群中第 f 个从飞行器加速度沿着和垂直于视线方向的分量，其满足：

$$\begin{cases} a_{r,f}^k = a_{t,f}^k \cos\phi_f^k - a_{n,f}^k \sin\phi_f^k \\ a_{q,f}^k = a_{t,f}^k \sin\phi_f^k + a_{n,f}^k \cos\phi_f^k \end{cases} \quad (5-64)$$

主飞行器之间，以及组内的飞行器之间在满足通信条件时可以交互信息，可采用图论表示飞行器之间的通信关系。主飞行器之间的通信关系可用矩阵 $\boldsymbol{A} = [a_{ij}]$ 来表示，如果第 $i(i=1,2,\cdots,n)$ 枚主飞行器能够和第 $j(j=1,2,\cdots,n,j\neq i)$ 枚主飞行器建立通信，则 $a_{ij}=1$，否则 $a_{ij}=0$。主飞行器通信拓扑图 G_A 对应的拉普拉斯矩阵为 $\boldsymbol{L}_A = \boldsymbol{D}_A - \boldsymbol{A}$，$\boldsymbol{D}_A = \mathrm{diag}(d_{A,1}, d_{A,2}, \cdots, d_{A,n})$，$d_{A,i} = \sum_{j=1}^n a_{ij}$。采用 $b_{f,h}^k$ 表示第 k 组飞行器第 $f(f=1,2,\cdots,m_k)$ 枚从飞行器和第 $h(h=1,2,\cdots,m_k,f\neq h)$ 枚从飞行器的通信关系，如果可以通信，则 $b_{f,h}^k=1$，否则 $b_{f,h}^k=0$，第 k 群组从飞行器之间的通信关系可以用矩阵 $\boldsymbol{B}^k = [b_{i,j}^k]$ 来表示。第 k 个群组从飞行器通信拓扑图 G_B^k 对应的拉普拉斯矩阵为 $\boldsymbol{L}_B^k = \boldsymbol{D}_B^k - \boldsymbol{B}^k$，$\boldsymbol{D}_B^k = \mathrm{diag}(d_{B,1}^k, d_{B,2}^k, \cdots, d_{B,m_k}^k)$，$d_{B,f}^k = \sum_{h=1}^n b_{f,h}^k$。一个组中的主飞行器只可以发送信息给从飞行器，但不能接收从飞行器的信息，采用 c_f^k 表示第 k 组飞行器第 f 枚从飞行器与所在组主飞行器之间的关系，如果可接收主飞行器信息，则 $c_f^k=1$，否则 $c_f^k=0$。如果任意两个主飞行器都能找到至少一条通信路径，则该通信拓扑图为连通图。若通信链路都为双向，则为无向图，若存在单向通信链路，则为有向图。

⟫⟫⟫ 5.5.2　主飞行器协同制导律设计

第 k 枚主飞行器的剩余命中时间 $\hat{t}_{g,k}$ 可采用下式预测：

$$\hat{t}_{g,k} = \frac{r_k}{V_k}\left(1 + \frac{\phi_k^2}{2(2N_S - 1)}\right) \quad (5-65)$$

式中：$N_S > 2$ 表示导航比。

$\hat{t}_{g,k}$ 的一阶导数满足：

$$\dot{\hat{t}}_{g,k} = \frac{\dot{R}_k}{V_k}\left(1 + \frac{\phi_k^2}{2(2N_S - 1)}\right) + \frac{r_k \phi_k \dot{\phi}_k}{V_k(2N_S - 1)} \quad (5-66)$$

鉴于 ϕ_k 通常为小值，因此建立近似关系 $1 - \phi_k^2/2 = \cos\phi_k$ 和 $\phi_k = \sin\phi_k$，进一步可得：

$$\dot{r}_k = -V_k\left(1 - \frac{\phi_k^2}{2}\right) \quad (5-67)$$

$$\dot{\phi}_k = \frac{a_k}{V_k} + \frac{V_k \phi_k}{r_k} \quad (5-68)$$

将式(5-67)和式(5-68)代入式(5-66),可得:

$$\dot{\hat{t}}_{g,k} = \left(\frac{\phi_k^2}{2} - 1\right)\left(1 + \frac{\phi_k^2}{2(2N_S-1)}\right) + \frac{r_k\phi_k}{V_k(2N_S-1)}\left(\frac{a_k}{V_k} + \frac{V_k\phi_k}{r_k}\right)$$

$$= -1 + \frac{\phi_k^2}{2} - \frac{\phi_k^2}{2(2N_S-1)} + \frac{r_k\phi_k a_k}{V_k^2(2N_S-1)} + \frac{\phi_k^2}{2N_S-1} \quad (5-69)$$

式(5-67)中用到了近似关系 $l \geq 3$ 时 $\phi_k^l = 0$。

主飞行器的时间一致性协同误差定义为:

$$\xi_k = \sum_{j=1}^{n} a_{ij}(\hat{t}_{g,k} - \hat{t}_{g,j}) + \mu_k(\hat{t}_{g,k} + t - T_d) \quad (5-70)$$

式中: μ_k 表示第 k 个主飞行器能否接收攻击时间指令 T_d。若可以接收,则 $\mu_k = 1$,反之 $\mu_k = 0$。

攻击时间误差定义为:

$$\tilde{t}_{g,k} = \hat{t}_{g,k} + t - T_d \quad (5-71)$$

ξ_k 可进一步表述为:

$$\xi_k = \sum_{j=1}^{n} a_{ij}(\tilde{t}_{g,k} - \tilde{t}_{g,j}) + \mu_k \tilde{t}_{g,k} \quad (5-72)$$

主飞行器的协同制导律设计为:

$$a_k = N_S \dot{q}_k V_k (1 - k_1 |\xi_k|^{\alpha_1} \text{sgn}(\xi_k) - k_2 |\xi_k|^{\beta_1} \text{sgn}(\xi_k)) \quad (5-73)$$

式中: k_1 和 k_2 为正实数; $0 < \alpha_1 < 1$; $\beta_1 > 1$。

将式(5-71)代入式(5-67)可得:

$$\dot{\hat{t}}_{g,k} = -1 - \frac{N_S\phi_k^2(k_1|\xi_k|^{\alpha_1}\text{sgn}(\xi_k) + k_2|\xi_k|^{\beta_1}\text{sgn}(\xi_k))}{2N_S-1} \quad (5-74)$$

$\tilde{t}_{g,k}$ 的一阶时间导数满足:

$$\dot{\tilde{t}}_{g,k} = -\frac{N_S\phi_k^2(k_1|\xi_k|^{\alpha_1}\text{sgn}(\xi_k) + k_2|\xi_k|^{\beta_1}\text{sgn}(\xi_k))}{2N_S-1} \quad (5-75)$$

定义:

$$\begin{cases} \tilde{\boldsymbol{t}}_g = [\tilde{t}_{g,1}, \tilde{t}_{g,2}, \cdots, \tilde{t}_{g,n}]^T \\ \boldsymbol{\xi} = [\xi_1, \xi_2, \cdots, \xi_n]^T \\ \boldsymbol{M} = \text{diag}(\mu_1, \mu_2, \cdots, \mu_n) \end{cases} \quad (5-76)$$

则有 $\boldsymbol{\xi} = \tilde{\boldsymbol{H}}\boldsymbol{t}_g, \boldsymbol{H} = \boldsymbol{L}_A + \boldsymbol{M}$。

为证明协同制导律的稳定性,选择 Lyapunov 函数 V_1 为:

$$V_1 = \frac{1}{2}\tilde{\boldsymbol{t}}_g^T \tilde{\boldsymbol{H}} \boldsymbol{t}_g \quad (5-77)$$

V_1 的一阶导数满足:

$$\dot{V}_1 = \tilde{\boldsymbol{t}}_g^{\mathrm{T}} \boldsymbol{H} \dot{\tilde{\boldsymbol{t}}}_g$$
$$\leqslant -\frac{N_S \phi^2 \sum_{k=1}^n (k_1 |\xi_k|^{\alpha_1+1} + k_2 |\xi_k|^{\beta_1+1})}{2N_S - 1} \quad (5-78)$$

式中：$\phi = \min\{\phi_1, \phi_2, \cdots, \phi_n\}$。

由于 $\boldsymbol{H}$ 是正定对称矩阵，定义 λ_H 为 $\boldsymbol{H}$ 的最小非零特征值，有 $\boldsymbol{\xi}^{\mathrm{T}}\boldsymbol{\xi} \geqslant 2\lambda_H V_1$。进一步可得：

$$\dot{V}_1 \leqslant -\frac{N_S \phi^2 (k_{1,m} V_1^{\frac{1+\alpha_1}{2}} + k_{2,m} V_1^{\frac{1+\beta_1}{2}})}{2N_S - 1} \quad (5-79)$$

式中：$k_{1,m} = k_1 (2\lambda_H)^{\frac{1+\alpha_1}{2}}$；$k_{2,m} = k_2 n^{\frac{1-\beta_1}{2}} (2\lambda_H)^{\frac{1+\beta_1}{2}}$。

由结果可知，V_1 可在固定时间收敛至0，一致性协同误差 ξ_k 趋于0，实现主飞行器之间的剩余飞行时间协同，实现各主飞行器命中目标的同时性。

在协同制导律中增大 k_1 和 k_2 有利于提高算法的收敛速度，但同时也增加了能量消耗，在参数选择时应权衡两者的影响。

为保证攻击时间控制精度和制导性能，一致性协同误差 ξ_k 应在攻击时刻 T_d 前收敛，若协同制导算法为渐进收敛或依赖初始状态的有限时间收敛，则难以通过预先设定参数使得收敛时间小于 T_d，固定时间收敛与有限时间收敛方法相比，其收敛时间的上界不依赖初始状态，便于满足攻击时间控制协同制导算法对收敛时间的约束要求。

▶▶▶ 5.5.3 从飞行器协同制导律设计

定义 $x_{f,1}^k = r_f^k, x_{f,2}^k = -V_f^k \cos\phi_f^k$，可以得到从飞行器相对目标的距离动态方程为：

$$\begin{cases} \dot{x}_{f,1}^k = x_{f,2}^k \\ \dot{x}_{f,2}^k = V_f^k \sin\phi_f^k \left(\dfrac{a_f^k}{V_f^k} + \dfrac{V_f^k \sin\phi_f^k}{r_f^k} \right) \end{cases} \quad (5-80)$$

定义第 k 组第 f 个从飞行器的协同变量为：

$$\begin{cases} \xi_{f,1}^k = \sum_{h=1}^{m_k} b_{f,h}^k (r_f^k - r_h^k) + c_f^k (r_f^k - r_k) \\ \xi_{f,2}^k = -V_f^k \cos\phi_f^k - \alpha_f^k \end{cases} \quad (5-81)$$

式中：$\xi_{f,1}^k$ 为距离一致性协同误差；α_f^k 为虚拟控制项；$\xi_{f,2}^k$ 为虚拟控制误差。

则式(5-80)可转换为：

$$\begin{cases} \dot{x}_{f,1}^k = \xi_{f,2}^k + \alpha_f^k \\ \dot{\xi}_{f,2}^k = a_f^{k*} + \dfrac{(V_f^k)^2 \sin^2\phi_f^k}{r_f^k} \end{cases} \tag{5-82}$$

式中:$a_f^{k*} = a_f^k \sin\phi_f^k - \dot{\alpha}_f^k$;$a_f^k = (a_f^{k*} + \dot{\alpha}_f^k)/\sin\phi_f^k$。

引入时变函数:

$$\psi(t) = \begin{cases} \dfrac{T_f^m}{(T_f - t)^m}, & t \in [0, T_f) \\ 1, & t \in [T_f, \infty) \end{cases} \tag{5-83}$$

式中:$m > 2$;$T_f > 0$。

对 $\psi(t)$ 求导可得:

$$\dot{\psi}(t) = \begin{cases} \dfrac{m}{T_f} \psi^{1+\frac{1}{m}}, & t \in [0, T_f) \\ 0, & t \in [T_f, \infty) \end{cases} \tag{5-84}$$

从飞行器的协同制导律设计为:

$$\begin{cases} \alpha_f^k = -w_{f,1} |\xi_{f,1}^k|^{\alpha_2} \mathrm{sgn}(\xi_{f,1}^k) - w_{f,2} |\xi_{f,1}^k|^{\beta_2} \mathrm{sgn}(\xi_{f,1}^k) \\ a_f^{k*} = -\dfrac{(V_f^k)^2 \sin^2\phi_f^k}{r_f^k} - \left(w_{f,3} + \dfrac{\dot{\psi}}{\psi}\right)\xi_{f,2}^k \\ a_f^k = a_f^{k*} - \dot{\alpha}_f^k \\ a_{q,f}^k = r_f^k(w_{f,4} |\dot{q}_f^k|^{\alpha_3} \mathrm{sgn}(\dot{q}_f^k) + w_{f,5} |\dot{q}_f^k|^{\beta_3} \mathrm{sgn}(\dot{q}_f^k)) - \dfrac{2V_{q,f}^k V_{r,f}^k}{r_f^k} \end{cases} \tag{5-85}$$

式中:$w_{f,1}$、$w_{f,2}$、$w_{f,3}$、$w_{f,4}$ 和 $w_{f,5}$ 为正实数;$0 < \alpha_2$;$\alpha_3 < 1$;$\beta_2, \beta_3 > 1$。

进一步可得:

$$\dot{\xi}_{f,2}^k = -\left(w_{f,3} + \dfrac{\dot{\psi}}{\psi}\right)\xi_{f,2}^k \tag{5-86}$$

选择 Lyapunov 函数 $V_2 = (\xi_{f,2}^k)^2/2$,其一阶时间导数满足:

$$\dot{V}_2 = -\left(w_{f,3} + \dfrac{\dot{\psi}}{\psi}\right)(\xi_{f,2}^k)^2 \tag{5-87}$$

等式两边乘以 ψ^2,有:

$$\begin{aligned} \psi^2 \dot{V}_2 &\leqslant -w_{f,3}\psi^2(\xi_{f,2}^k)^2 - \psi\dot{\psi}(\xi_{f,2}^k)^2 \\ &\leqslant -2w_{f,3}\psi^2 V_2 - 2\psi\dot{\psi} V_2 \end{aligned} \tag{5-88}$$

进一步可得:

$$\dfrac{\mathrm{d}(\psi^2 V_2)}{\mathrm{d}t} \leqslant -2w_{f,3}\psi^2 V_2 \tag{5-89}$$

求解不等式可得：

$$V_2 \leqslant \psi^{-2}\exp(-2w_{f,3}t)V_2(0) \tag{5-90}$$

由于 $V_2 \leqslant \psi^{-2}\exp(-2w_{f,3}t)V_2(0)$，随之可得 $\lim_{t \to t_f} V_2 = 0$，鉴于 $w_{f,3} > 0$ 和 $\dot{\psi}/\psi \geqslant 0$，则当 $t \in [T_f, \infty)$ 时有 $\dot{V}_2 \leqslant 0$，因此 $\xi_{f,2}^k$ 恒为 0。

当 $\xi_{f,2}^k$ 收敛后，可得：

$$\dot{x}_{f,1}^k = -w_{f,1}|\xi_{f,1}^k|^{\alpha_2}\mathrm{sgn}(\xi_{f,1}^k) - w_{f,2}|\xi_{f,1}^k|^{\beta_2}\mathrm{sgn}(\xi_{f,1}^k) \tag{5-91}$$

选择 Lyapunov 函数 V_3 为：

$$V_3 = \frac{1}{2}(\boldsymbol{x}_1^k)^\mathrm{T}\boldsymbol{H}_B^k\boldsymbol{x}_1^k \tag{5-92}$$

式中：$\boldsymbol{H}_B^k = \boldsymbol{L}_B^k + \boldsymbol{C}_B^k$，定义 $\boldsymbol{C}_B^k = \mathrm{diag}(c_1^k, c_2^k, \cdots, c_{m_k}^k)$；$\boldsymbol{x}_1^k = [x_{1,1}^k, x_{2,1}^k, \cdots, x_{m_k,1}^k]^\mathrm{T}$。

V_3 的一阶导数满足：

$$\begin{aligned}\dot{V}_3 &= (\boldsymbol{x}_1^k)^\mathrm{T}\boldsymbol{H}_B^k\dot{\boldsymbol{x}}_1^k \\ &= -\sum_{i=1}^{m_k}(w_{f,1}|\xi_{f,1}^k|^{\alpha_2+1} + w_{f,2}|\xi_{f,1}^k|^{\beta_2+1})\end{aligned} \tag{5-93}$$

进一步整理可得：

$$\dot{V}_3 \leqslant -w_{f,1}\left(\sum_{i=1}^{m_k}(\xi_{f,1}^k)^2\right)^{\frac{1+\alpha_2}{2}} - m_k^{\frac{1-\beta_2}{2}}w_{f,2}\left(\sum_{i=1}^{m_k}(\xi_{f,1}^k)^2\right)^{\frac{1+\beta_2}{2}} \tag{5-94}$$

定义 $\boldsymbol{\xi}_1^k = [\xi_{1,1}^k, \xi_{2,1}^k, \cdots, \xi_{m_k,1}^k]^\mathrm{T}$，因 $\boldsymbol{H}_B^k$ 正定，有 $(\boldsymbol{x}_1^k)^\mathrm{T}\boldsymbol{H}_B^k\boldsymbol{H}_B^k\boldsymbol{x}_1^k \geqslant \lambda_2(\boldsymbol{x}_1^k)^\mathrm{T}\boldsymbol{H}_B^k\boldsymbol{x}_1^k$，其中 λ_2 为 $\boldsymbol{H}_B^k$ 的最小非零特征值，故 $(\boldsymbol{\xi}_1^k)^\mathrm{T}\boldsymbol{\xi}_1^k \geqslant 2\lambda_2 V_3$ 成立，进一步可得：

$$\dot{V}_3 \leqslant -w_{f,1}(2\lambda_2)^{\frac{1+\alpha_2}{2}}V_3^{\frac{1+\alpha_2}{2}} - m_k^{\frac{1-\beta_2}{2}}w_{f,2}(2\lambda_2)^{\frac{1+\beta_2}{2}}V_3^{\frac{1+\beta_2}{2}} \tag{5-95}$$

由引理 6 可知，V_3 可在固定时间收敛，因此，$\xi_{f,1}^k$ 和 $\xi_{f,2}^k$ 能够在固定时间内稳定至 0，保证从飞行器与主飞行器在与目标距离上的一致性。

进一步，为了证明 $\dot{q}_f^k$ 的稳定收敛特性，将式(5-83)中 $a_{q,f}^k$ 代入式(5-61)可得：

$$\ddot{q}_f^k = -w_{f,4}(\dot{q}_f^k)^{\alpha_3}\mathrm{sgn}(\dot{q}_f^k) - w_{f,5}(\dot{q}_f^k)^{\beta_3}\mathrm{sgn}(\dot{q}_f^k) \tag{5-96}$$

选择 Lyapunov 函数 $V_4 = |\dot{q}_f^k|$，其一阶导数为：

$$\dot{V}_4 = -w_{f,4}\dot{V}_4^{\alpha_3} - w_{f,5}\dot{V}_4^{\beta_3} \tag{5-97}$$

因此，$\dot{q}_f^k$ 也具备固定时间收敛特性，$\dot{q}_f^k$ 能够在固定时间内收敛至 0，保证各从飞行器实现对目标的有效命中。

综上所述，在所设计协同制导律下，$\xi_{f,1}^k$、$\xi_{f,2}^k$ 和 $\dot{q}_f^k$ 能够实现固定时间收敛。在仅有部分从飞行器可接收攻击时间控制指令 T_d 的前提条件下，通过本节所提出的多主-多从式协同制导算法，能够使得整个飞行器群组在指定的攻击时刻同时命中目标。

5.5.4 多群组飞行器协同制导律仿真验证

为了验证所提出方法的有效性,选择处于不同初始位置的3枚主飞行器,每枚主飞行器各分属3枚从飞行器,形成一个群组,即构成3个群组。飞行器间通信拓扑如图5-29所示,其中L_i表示第i个主飞行器,F_i表示第i个从飞行器,目标位置设置于(9000m,12000m),各飞行器的初始位置和初始速度见表5-4。参数设置:$k_i=1.5, w_{f,1}=0.5, w_{f,2}=3, w_{f,3}=5, w_{f,4}=2, w_{f,5}=0.1, N_S=3, \alpha_1=\alpha_2=\alpha_3=0.5, \beta_1=\beta_2=\beta_3=1.1$,切向过载最大限制为$5g$,法向过载最大限制为$10g$。

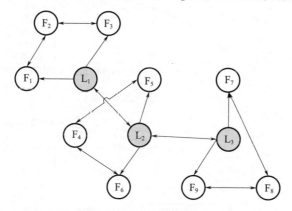

图5-29 飞行器通信拓扑

表5-4 飞行器初始位置和速度

序号	初始位置/(m,m)	初始速度/(m/s)
L_1	(1000,5000)	200
L_2	(2000,4000)	200
L_3	(3000,3000)	200
F_1	(3000,4000)	300
F_2	(5000,3000)	300
F_3	(8000,2000)	300
F_4	(1800,3800)	300
F_5	(2000,3500)	300
F_6	(2200,3800)	300
F_7	(2700,2700)	300
F_8	(3000,2500)	300
F_9	(3300,2700)	300

设置 $T_d=55\mathrm{s}$,仿真结果如图 5-30~图 5-39 所示,由飞行器轨迹(图 5-30)和飞行器与目标距离曲线(图 5-31)可知,所提出的固定时间收敛多群组协同制导方法,能够使得所有的飞行器在期望的攻击时间 $T_d=55\mathrm{s}$ 同时命中目标,各从飞行器与所在组的主飞行器能够保持与目标距离的一致性。如图 5-32 所示,主飞行器时间一致性协同误差能够快速稳定收敛,图 5-33~图 5-35 中主飞行器和从飞行器加速度指令在经过暂态调整后趋于稳态,具备较好的光滑特性。

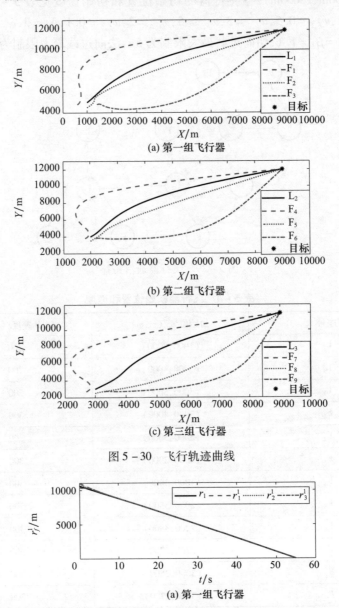

图 5-30 飞行轨迹曲线

(a) 第一组飞行器

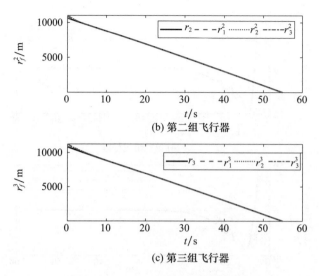

(b) 第二组飞行器

(c) 第三组飞行器

图 5-31　飞行器与目标距离曲线

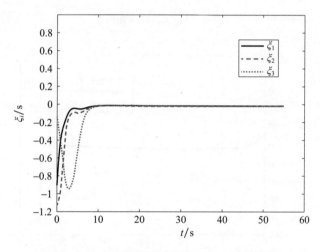

图 5-32　主飞行器剩余飞行时间一致性误差

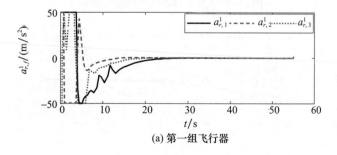

(a) 第一组飞行器

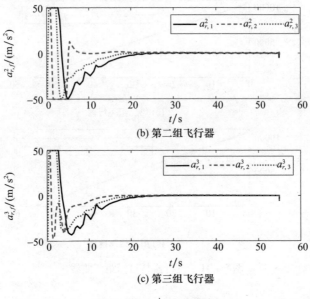

(b) 第二组飞行器

(c) 第三组飞行器

图 5-33 $a_{r,f}^k$ 响应曲线

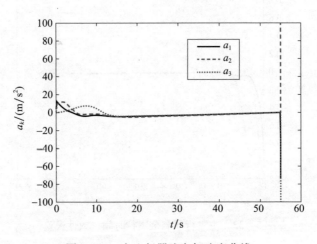

图 5-34 主飞行器法向加速度曲线

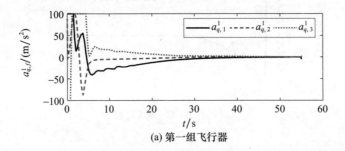

(a) 第一组飞行器

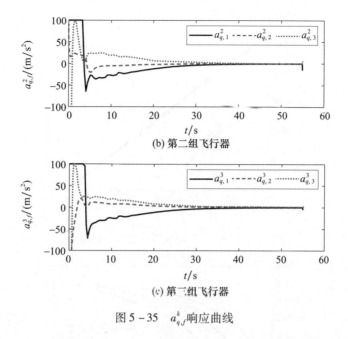

(b) 第二组飞行器

(c) 第三组飞行器

图 5-35 $a_{q,j}^{k}$ 响应曲线

有必要注意的是,由于主飞行器的速度恒定,其飞行时间的控制主要通过调整飞行轨迹实现。为了直观反映不同攻击时间指令下主飞行器运动轨迹的变化,设置 $T_d=65s$,可得主飞行器的飞行轨迹曲线和弹目距离曲线如图 5-38 和图 5-39 所示,相比 $T_d=55s$ 时的仿真结果(图 5-36 和图 5-37),$T_d=65s$ 时轨迹曲线更加弯曲,曲率增大,飞行轨迹变长,从而使得飞行时间延长至期望时刻。

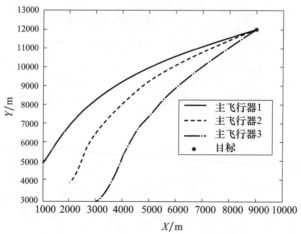

图 5-36 $T_d=55s$ 时主飞行器飞行轨迹

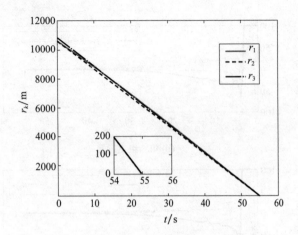

图 5-37　$T_d = 55$s 时主飞行器与目标距离

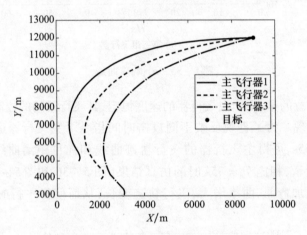

图 5-38　$T_d = 65$s 时主飞行器飞行轨迹

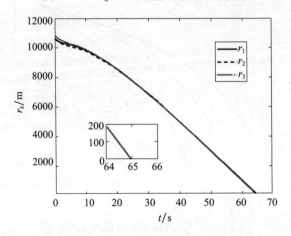

图 5-39　$T_d = 65$s 时主飞行器与弹目距离

本节为使得多群组飞行器在指定时刻同时命中目标,设计了一种多主-多从架构的攻击时间控制协同制导方法,每个群组由1枚主飞行器和多枚从飞行器构成。鉴于只有部分主飞行器可接收攻击时间指令,给出了基于剩余飞行时间一致的攻击时间控制协同制导律,使得所有主飞行器在期望时刻同时命中目标。进一步,通过将从飞行器-目标距离与所在组主飞行器-目标距离保持一致,给出了针对从飞行器的协同制导律,仿真结果表明所设计的方法能够实现整个飞行器群组在期望攻击时刻到达目标,且协同制导算法具备固定时间收敛特性。

第 6 章

不同约束条件下的多飞行器协同制导方法

6.1 考虑执行结构部分失效的容错协同制导方法

6.1.1 容错协同制导律设计与稳定性分析

执行机构受限是指飞行器所能提供的过载控制量往往是在一定范围内的，如果控制指令超过此范围，则期望的控制输出和实际的输出将会出现差异。部分失效故障是指由于执行机构老化或者受损导致期望的过载输出和实际的过载输出不能完全匹配，即工效能力下降，通常会采用工效系数 $0<\rho(t)\leqslant 1$ 来表示两者之间的量值关系。目前已有的容错方法主要集中于工效系数固定或者时变但规律已知的情形，而对于工效系数时变未知的容错制导方法研究尚少。

采用 n 个飞行器同时攻击静止目标，每个飞行器的角色相同，无"主""从"之分，飞行器与目标之间的二维平面相对运动学模型可由如下的方程描述：

$$\begin{cases} \dot{r}_i = -V_{M,i}\cos\phi_i \\ \dot{q}_i = \dfrac{-V_{M,i}\sin\phi_i}{r_i} \\ \dot{\gamma}_i = \dfrac{a_i^f}{V_{M,i}} \\ \phi_i = \gamma_i - q_i, i=1,2,\cdots,n \end{cases} \quad (6-1)$$

式中：a_i^f 表示执行机构实际的法向加速度输出。当执行机构出现部分失效故障时 a_i^f 可以表示为：

$$a_i^f = \rho_i a_i + d_i \tag{6-2}$$

式中:a_i 为期望的法向加速度;工效系数 $0 < \rho_i < 1$;d_i 为附加不可控项,存在非负上界 $\bar{d}_i$,使得 $|d_i| \leq \bar{d}_i$。这里所考虑的 ρ_i 和 d_i 都为时变未知项,相比一般的非时变或者时变但变化规律已知的情况,设计和分析难度更高。

每枚飞行器的剩余时间估计表达式为:

$$\hat{t}_{go,i} = \frac{r_i}{V_{M,i}}\left(1 + \frac{\phi_i^2}{2(2N_S - 1)}\right) \tag{6-3}$$

其一阶时间导数为:

$$\dot{\hat{t}}_{go,i} = \frac{\dot{r}_i}{V_{M,i}}\left(1 + \frac{\phi_i^2}{2(2N_S - 1)}\right) + \frac{r_i \phi_i \dot{\phi}_i}{V_{M,i}(2N_S - 1)} \tag{6-4}$$

考虑式(6-2),r_i 和 ϕ_i 的动态变化可以表示为:

$$\dot{r}_i = -V_{M,i}\left(1 - \frac{\phi_i^2}{2}\right) \tag{6-5}$$

$$\dot{\phi}_i = \frac{a_i^f}{V_{M,i}} + \frac{V_{M,i}\phi_i}{r_i} \tag{6-6}$$

将式(6-5)和式(6-6)代入式(6-4)可得:

$$\begin{aligned}\dot{\hat{t}}_{go,i} &= -\left(1 - \frac{\phi_i^2}{2}\right)\left(1 + \frac{\phi_i^2}{2(2N_S - 1)}\right) + \frac{r_i \phi_i}{V_{M,i}(2N_S - 1)}\left(\frac{a_i^f}{V_{M,i}} + \frac{V_{M,i}\phi_i}{r_i}\right)\\ &\approx -1 + \frac{\phi_i^2}{2} - \frac{\phi_i^2}{2(2N_S - 1)} + \frac{r_i \phi_i a_i^f}{V_{M,i}^2(2N_S - 1)} + \frac{\phi_i^2}{2N_S - 1}\end{aligned}$$

$$\tag{6-7}$$

时间一致性误差定义为:

$$\xi_i = \sum_{j=1}^{n} l_{ij}(\hat{t}_{go,i} - \hat{t}_{go,j}) \tag{6-8}$$

其中 l_{ij} 为第 i 个飞行器与第 j 个飞行器之间的通信关系,如果两者之间有通信则 $l_{ij} = 1$,否则 $l_{ij} = 0$。

自适应容错协同制导律设计为:

$$a_i = N_S \dot{q}_i V_{M,i}(k_{1i}|\xi_i|^{\mu_1}\text{sign}(\xi_i) + k_{2i}|\xi_i|^{\mu_2}\text{sign}(\xi_i) + \hat{\lambda}_i \tanh(\xi_i/\tau_i)) \tag{6-9}$$

式中:k_{1i} 和 k_{2i} 为制导增益;$0 < \mu_1 < 1$;$\mu_2 > 1$;$\hat{\lambda}_i$ 为 λ_i 的估计项,$\lambda_i = 2\max(N_S \bar{\phi}_m, z_i|\bar{d}_i\underline{\phi}_i|)$,$\phi_m = \min\{\underline{\phi}_i, i = 1, 2, \cdots, n\}$,$\bar{\phi}_i$ 和 $\underline{\phi}_i$ 分别表示 ϕ_i 的上界和下界,z_i 为 $r_i/V_{M,i}^2$ 的上界。$\hat{\lambda}_i$ 和 τ_i 由以下自适应律决定:

$$\begin{cases}\dot{\hat{\lambda}}_i = \gamma_d |\xi_i|\\ \dot{\tau}_i = -0.2785\hat{\lambda}_i \tau_i\end{cases} \tag{6-10}$$

式中：γ_d 为正常数。

在执行机构部分失效下 ϕ_i 的动态方程为：

$$\dot{\phi}_i = -\frac{V_{M,i}\phi_i}{r_i}(N_S\rho_i(k_{1i}|\xi_i|^{\mu_1}\text{sign}(\xi_i) + k_{2i}|\xi_i|^{\mu_2}\text{sign}(\xi_i) + \hat{\lambda}_i\tanh(\xi_i/\tau_i)) - 1) + \frac{d_i}{V_{M,i}} \tag{6-11}$$

根据式(6-4)，可得：

$$\dot{\hat{t}}_{go,i} = -1 - \frac{N_S\rho_i\phi_i^2(k_{1i}|\xi_i|^{\mu_1}\text{sign}(\xi_i) + k_{2i}|\xi_i|^{\mu_2}\text{sign}(\xi_i))}{2N_S - 1}$$

$$-\frac{N_S\rho_i\phi_i^2\hat{\lambda}_i\tanh(\xi_i/\tau_i)}{2N_S - 1} + \frac{N_S\phi_i^2}{2N_S - 1} + \frac{r_id_i\phi_i}{V_{M,i}^2(2N_S - 1)} \tag{6-12}$$

选取 Lyapunov 函数 $V_1 = \hat{t}_{go}^T L_A \hat{t}_{go}/2$，其导数为：

$$\dot{V}_1 = \hat{t}_{go}^T L_A \dot{\hat{t}}_{go}$$

$$\leqslant -\frac{N_S\sum_{i=1}^{n}\rho_i\phi_i^2(k_{1i}|\xi_i|^{\mu_1+1} + k_{2i}|\xi_i|^{\mu_2+1})}{2N_S - 1}$$

$$+\frac{N_S\sum_{i=1}^{n}\overline{\phi}_i^2|\xi_i|}{2N_S - 1} - \frac{N_S\sum_{i=1}^{n}\rho_i\phi_i^2\hat{\lambda}_i\xi_i\tanh(\xi_i/\tau_i)}{2N_S - 1}$$

$$+\sum_{i=1}^{n}\frac{z_i|\overline{d_i\phi_i}||\xi_i|}{2N_S - 1} \tag{6-13}$$

考虑引理10，式(6-13)可进一步表示为：

$$\dot{V}_1 \leqslant -\frac{N_S\rho_m\sum_{i=1}^{n}\phi_i^2(k_{1i}|\xi_i|^{\mu_1+1} + k_{2i}|\xi_i|^{\mu_2+1})}{2N_S - 1}$$

$$+\frac{\sum_{i=1}^{n}\lambda_i|\xi_i| - \sum_{i=1}^{n}N_S\rho_m\phi_m^2\hat{\lambda}_i(|\xi_i| - 0.2785\tau_i)}{2N_S - 1}$$

$$\leqslant -\frac{N_S\rho_m\sum_{i=1}^{n}\phi_i^2(k_{1i}|\xi_i|^{\mu_1+1} + k_{2i}|\xi_i|^{\mu_2+1})}{2N_S - 1}$$

$$+\frac{\sum_{i=1}^{n}\widetilde{\lambda}_i|\xi_i| + 0.2785N_S\rho_m\phi_m^2\sum_{i=1}^{n}\hat{\lambda}_i\tau_i}{2N_S - 1} \tag{6-14}$$

选择 Lyapunov 函数 V_2 为：

$$V_2 = V_1 + \frac{1}{2N_S \rho_m \phi_m^2 \gamma_d (2N_S - 1)} \sum_{i=1}^{n} \tilde{\lambda}_i^2 + \frac{N_S \rho_m \phi_m^2}{2N_S - 1} \sum_{i=1}^{n} \tau_i \qquad (6-15)$$

其一阶时间导数可表示为：

$$\dot{V}_2 = \dot{V}_1 - \frac{1}{\gamma_d (2N_S - 1)} \sum_{i=1}^{n} \tilde{\lambda}_i \dot{\hat{\lambda}}_i - \frac{0.2785 N_S \rho_m \phi_m^2}{2N_S - 1} \sum_{i=1}^{n} \hat{\lambda}_i \tau_i$$

$$= \dot{V}_1 - \frac{1}{2N_S - 1} \sum_{i=1}^{n} \tilde{\lambda}_i |\xi_i| - \frac{0.2785 N_S \rho_m \phi_m^2}{2N_S - 1} \sum_{i=1}^{n} \hat{\lambda}_i \tau_i \qquad (6-16)$$

将式(6-14)代入式(6-16)可得：

$$\dot{V}_2 \leq - \frac{N_S \rho_m \sum_{i=1}^{n} \phi_i^2 (k_{1i} |\xi_i|^{\mu_1+1} + k_{2i} |\xi_i|^{\mu_2+1})}{2N_S - 1} \qquad (6-17)$$

由结果可以看出 $\dot{V}_2 \leq 0$，当且仅当 $\xi_i = 0$ 时 $\dot{V}_2 = 0$，因此 ξ_i、$\tilde{\lambda}_i$ 和 τ_i 为有界函数。

定义 χ 为弹间通信拓扑拉普拉斯矩阵的最小非 0 特征值，根据引理 8 和引理 9 进一步可得：

$$\dot{V}_1 \leq - \frac{N_S \rho_m \phi_m^2 k_m \left(\left(\sum_{i=1}^{n} \xi_i^2 \right)^{\frac{\mu_1+1}{2}} + n^{\frac{1-\mu_2}{2}} \left(\sum_{i=1}^{n} \xi_i^2 \right)^{\frac{\mu_2+1}{2}} \right)}{2N_S - 1} + \frac{\sum_{i=1}^{n} \tilde{\lambda}_i |\xi_i| + 0.2785 N_S \rho_m \phi_m^2 \sum_{i=1}^{n} \hat{\lambda}_i \tau_i}{2N_S - 1}$$

$$\leq - \frac{N_S \rho_m \phi_m^2 k_m (2\chi)^{\frac{\mu_1+1}{2}} \left(V_1^{\frac{\mu_1+1}{2}} + n^{\frac{1-\mu_2}{2}} V_1^{\frac{\mu_2+1}{2}} \right)}{2N_S - 1} + \frac{\sum_{i=1}^{n} \tilde{\lambda}_i |\xi_i| + 0.2785 N_S \rho_m \phi_m^2 \sum_{i=1}^{n} \hat{\lambda}_i \tau_i}{2N_S - 1}$$

$$(6-18)$$

式中：$k_m = \min\{k_{1i}, k_{2i}\}$。

定义：

$$\kappa^* = \frac{N_S \rho_m \phi_m^2 k_m (2\chi)^{\frac{\mu_1+1}{2}}}{2N_S - 1}, \Delta^* = \frac{\sum_{i=1}^{n} \tilde{\lambda}_i |\xi_i| + 0.2785 N_S \rho_m \phi_m^2 \sum_{i=1}^{n} \hat{\lambda}_i \tau_i}{2N_S - 1}$$

$$(6-19)$$

由于 ξ_i、$\tilde{\lambda}_i$ 和 τ_i 是有界的，存在上界 $\bar{\Delta}^*$，使得 $|\Delta^*| \leq \bar{\Delta}^*$，则以下关系式成立：

$$\dot{V}_1 \leq -\kappa^* \left(V_1^{\frac{\mu_1+1}{2}} + n^{\frac{1-\mu_2}{2}} V_1^{\frac{\mu_2+1}{2}} \right) + \bar{\Delta}^* \qquad (6-20)$$

根据引理6，可推理得 V_1 将收敛到邻域 $M_2 = \{V_1 : V_1 < (\bar{\Delta}^*/(\delta_1 \kappa^*))^{\frac{2}{\mu_1+1}}\}$，收敛时间上界为：

$$T_2 \leq \frac{2 \left(n^{\frac{\mu_2-1}{2}} \bar{\Delta}^* / (\delta_2 \kappa^*) \right)^{\frac{1-\mu_1}{1+\mu_2}}}{\vartheta (1 - \delta_1)} + T_0 \qquad (6-21)$$

式中：$\vartheta = \dfrac{\kappa^*}{2}\min[1-\mu_1,\ n^{\frac{1-\mu_2}{2}}(\mu_2-1)]$。

由以上分析可知，所设计容错协同制导律在执行机构部分失效的情况下依然能保证多弹同时命中目标，自适应反馈项可对失效影响进行有效补偿。

虽然已有部分学者针对单个飞行器在执行机构部分失效故障下的制导问题展开了研究，但是主要集中于工效系数恒定或者变化但规律已知的情况，本节通过引入自适应律对参数估计误差项进行有效补偿，能够解决在工效系数时变未知情况下的协同制导律设计问题。

6.1.2 容错协同制导律仿真验证

以打击空中静止目标为背景，选择 3 枚不同位置的飞行器进行仿真验证，无向强连通的飞行器间通信拓扑如图 6-1 所示，目标位置为 (5000m, 5000m)。制导律参数设置为 $k_{1i}=1.3, k_{2i}=1.1, \tau_i=25 (i=1,2,3), \mu_1=0.5, \mu_2=1.5, \gamma_d = 2.7, N_s=3$，最大过载限制为 $30g$。下面我们将在两组不同初始位置下对容错协同制导律的打击效果和算法收敛特性进行分析。

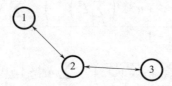

图 6-1 容错协同制导律弹间通信拓扑

情形 1：初始位置与速度如表 6-1 所列，$\rho_i = 0.1\sin(i\pi t/10) + 0.6, d_i = 0.5\sin(\pi t/6)$。此情形下的仿真结果如图 6-2 ~ 图 6-5 所示。由仿真结果可知，在执行机构部分失效故障下，各飞行器依然能通过所设计协同制导律实现对目标的同时命中，虽然各飞行器的初始位置和速度各不相同，但是剩余时间预测量在协同制导律作用下趋于一致，法向加速度能保持良好的平滑特性。

表 6-1 情形 1 飞行器初始位置和速度

飞行器	位置/(m,m)	速度/(m/s)
飞行器 1	(500,500)	150
飞行器 2	(2000,500)	200
飞行器 3	(500,2000)	250

第 6 章　不同约束条件下的多飞行器协同制导方法

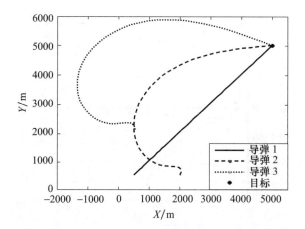

图 6-2　容错协同制导情形 1 飞行器 (X,Y) 平面运动轨迹

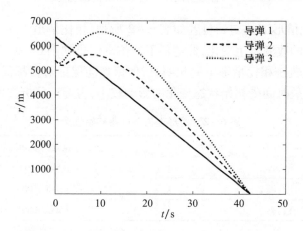

图 6-3　容错协同制导情形 1 飞行器 - 目标距离曲线

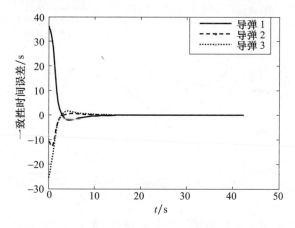

图 6-4　容错协同制导情形 1 一致性时间误差曲线

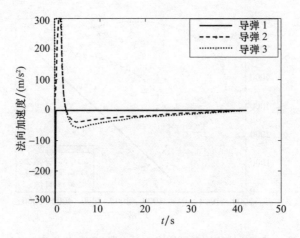

图 6-5 容错协同制导情形 1 法向加速度曲线

情形 2：此情形下的初始位置如表 6-2 所列，相比情形 1，一致性误差初始值也将随位置的改变发生变化，此情形下的仿真结果如图 6-6~图 6-9 所示，各飞行器运动轨迹相比情形 1 变化明显，但依然能保证对目标的同时命中。一致性误差的收敛时间受初始状态变化的影响较小，与理论分析结果一致。

表 6-2 情形 2 各飞行器初始位置

飞行器	位置/(m,m)
飞行器 1	(500,500)
飞行器 2	(3000,500)
飞行器 3	(500,3000)

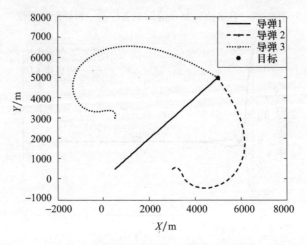

图 6-6 容错协同制导情形 2 飞行器 (X,Y) 平面运动轨迹

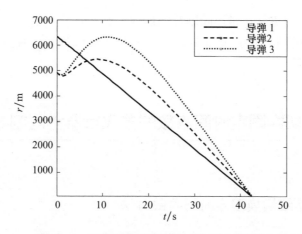

图 6-7 容错协同制导情形 2 弹目距离曲线

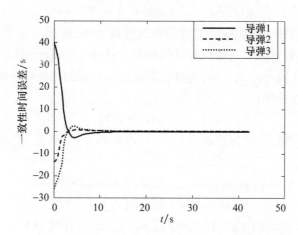

图 6-8 容错协同制导情形 2 一致性时间误差曲线

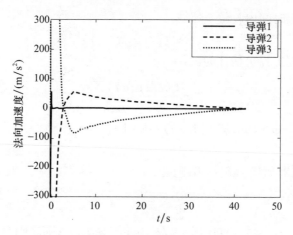

图 6-9 容错协同制导情形 2 法向加速度曲线

综上所述，所设计容错协同制导律能保证弹体在执行机构部分失效的情况下实现对目标的同时命中，固定时间收敛特性可以降低算法收敛时间上界对初始状态的依赖性。

6.2 连续切换固定时间收敛的多飞行器协同制导

6.2.1 连续切换固定时间收敛方法

已有的固定时间收敛方法虽然能够取得更快的收敛速率，且收敛时间的上界不依赖于初始状态，但在起始阶段容易产生初始控制量冲击，针对该问题，本章首先提出了一种连续切换固定时间收敛控制方法，相比已有的固定时间收敛控制方法，能够有效降低初始控制量的冲击。并进一步基于该方法，设计了连续切换固定时间收敛协同制导律，仿真结果验证了所提出方法的有效性。

对于非线性系统：

$$\dot{y}(t) = u(t) + \zeta(t) \tag{6-22}$$

式中：$y \in R^+ \cup \{0\}$；$u(t)$ 为控制输入；$\zeta(t)$ 为有界干扰，满足 $|\zeta| \leq \bar{\zeta}$。如果 $u(t)$ 设计为：

$$\begin{cases} u = -a(\delta^{b-g} y^g s + y^b(1-s)) \\ s = (\text{sign}(y+\delta) - \text{sign}(y-\delta))/2 \end{cases} \tag{6-23}$$

式中：$a > 0$ 为正参数；$0 < g < 1$；$\delta = (\bar{\zeta}/\mu_1 a)^{1/b}$ 为切换边界，$0 < \mu_1 < 1$；$b > 1$，为正实数。

则 y 将固定时间内收敛至邻域：

$$\Omega = \{y : y \leq (\bar{\zeta}/(\mu_2 a \delta^{b-g}))^{1/g}\} \tag{6-24}$$

其收敛时间上界可估计为：

$$T < \frac{2(\bar{\zeta}/(\mu_1 a))^{\frac{1-g}{b}}}{a\phi(1-\mu_2)} \tag{6-25}$$

式中：$\mu_1 < \mu_2 < 1$；$\phi = \min[\delta^{b-g}(1-g), b-1]$。

证明：

第一步，如果 $y(0) \geq \delta, s = 0$，则有：

$$\frac{dy}{dt} \leq -ay^b + \bar{\zeta} \tag{6-26}$$

定义 $\Omega_1 = \{y : y < \delta\}$，对任何 $y \notin \Omega_1$，可得 $\bar{\zeta} \leq \mu_1 a y^b$，随之则有：

$$\frac{\mathrm{d}y}{\mathrm{d}t} \leqslant -a(1-\mu_1)y^b \qquad (6-27)$$

对式(6-27)积分求解可得:

$$\frac{y^{1-b}}{1-b} - \frac{|y(0)|^{1-b}}{1-b} \leqslant -a(1-\mu_1)t \qquad (6-28)$$

由于 $b>1$,则有:

$$\frac{y^{1-b}}{1-b} \leqslant -a(1-\mu_1)t + \frac{|y(0)|^{1-b}}{1-b} \leqslant -a(1-\mu_1)t \qquad (6-29)$$

式(6-29)乘以 $(b-1)$,可得:

$$-y^{1-b} \leqslant -a(1-\mu_1)(b-1)t \qquad (6-30)$$

进一步有:

$$y^{b-1} < \frac{1}{a(1-\mu_1)(b-1)t} \qquad (6-31)$$

因此,y 将在时间 T_a 内收敛至 Ω_1:

$$T_a < \frac{(\bar{\zeta}/(\mu_1 a))^{\frac{1}{b}-1}}{a(1-\mu_1)(b-1)} \qquad (6-32)$$

由式(6-32)可以看出收敛时间的上界不依赖于初始状态 $y(0)$,我们将在第二步中证明 y 将在固定时间内收敛至邻域:

$$\Omega_2 = \{y:y \leqslant (\bar{\zeta}/(\mu_2 a\delta^{b-g}))^{1/g}, 0 < \mu_1 < \mu_2 < 1\} \subset \Omega_1 \qquad (6-33)$$

第二步,当 $t \geqslant T_a$ 时,$y < \delta$,则 $s=1$,可得:

$$\frac{\mathrm{d}y}{\mathrm{d}t} \leqslant -a\delta^{b-g}y^g + \bar{\zeta} \qquad (6-34)$$

由于 $\lim_{y \to \delta^+} y^b = \lim_{y \to \delta^-} \delta^{b-g}y^g$,因此从第一步到第二步的切换为连续的。

对于任意 $y \notin \Omega_2$,$\bar{\zeta} < \mu_2 a\delta^{b-g}y^g$ 成立,则有:

$$\frac{\mathrm{d}y}{\mathrm{d}t} \leqslant -(1-\mu_2)a\delta^{b-g}y^g \qquad (6-35)$$

对式(6-35)积分求解可得:

$$\frac{1}{1-g}(y^{1-g} - |\bar{\zeta}/(\mu_1 a)|^{\frac{1-g}{b}}) < -a\delta^{b-g}(1-\mu_2)(t-T_a) \qquad (6-36)$$

定义 $\phi = \min[\delta^{b-g}(1-g), b-1]$,由于 $b>g$,则有:

$$T < \frac{(\bar{\zeta}/(\mu_1 a))^{\frac{1-g}{b}}}{a\delta^{b-g}(1-g)(1-\mu_2)} + T_a$$

$$< \frac{2(\bar{\zeta}/(\mu_1 a))^{\frac{1-g}{b}}}{a\phi(1-\mu_2)} \qquad (6-37)$$

由结果可知,收敛时间估计 T 不依赖于初始状态 $y(0)$,证毕。

与传统固定时间控制方法不同的是,所提出方法采用的切换变量 s 能够保证控制器工作在不同的状态模式下。如果 $y>\delta$,则首要任务是使得 y 在控制项 y^b 的作用下尽快收敛至邻域 Ω_1,然后用控制项 $\delta^{b-g}y^g$ 代替 y^b,驱使 y 收敛至 Ω_2。

根据以上分析可知,若 $y(0)>\delta$,则 y 将从 $y(0)$ 递减至 Ω_2,其控制输入的上界为:

$$\bar{u}_1 = \begin{cases} ay(0)b, & y(0) \geqslant \delta \\ a\delta^{b-g}y(0)g, & y(0) < \delta \end{cases} \quad (6-38)$$

相比引理 5 中的传统固定时间收敛方法,本节所提出的连续切换固定时间收敛方法能够有效避免较大的初始控制输入冲击。

推论:如果 $\zeta=0$,则在控制输入式(6-23)作用下,y 将在固定时间内收敛至原点,其收敛时间上界可估计为:

$$T < \frac{\delta^{1-b}}{a}\left(\frac{1}{b-1} + \frac{1}{1-g}\right) \quad (6-39)$$

6.2.2 连续切换固定时间收敛制导律设计

首先,我们基于固定时间收敛方法,设计单个飞行器针对静止目标打击的制导律,其中在二维铅垂平面下飞行器和目标的运动关系如图 6-10 所示,弹目相对运动视线角速率满足以下方程:

$$\ddot{q} = -\frac{2\dot{r}}{r}\dot{q} - \frac{\cos(q-\gamma_M)}{r}a_M \quad (6-40)$$

只要设计法向加速度 a_M,使得 $\dot{q}=0$,即可以实现对静止目标的打击。基于上节所提出的固定时间收敛控制方法,设计制导律为:

$$u_M = \frac{r}{\cos(q-\gamma_M)}\left(-\frac{2\dot{r}}{r}\dot{q} + k(\delta^{b-g}|\dot{q}|^g\mathrm{sign}(\dot{q})s + |\dot{q}|^b\mathrm{sign}(\dot{q})(1-s))\right) \quad (6-41)$$

式中:k 为正实数;$0<g<1$;$b>1$;$s=(\mathrm{sign}(\dot{q}+\delta)-\mathrm{sign}(\dot{q}-\delta))/2$,$\delta>0$ 为正实数。

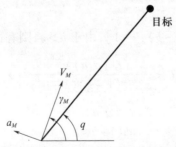

图 6-10 二维铅垂平面下飞行器和目标运动关系示意图

为了证明 $\dot{q}$ 的收敛性,我们选择 Lyapunov 函数为 $V_1 = |\dot{q}|$,可得其一阶时间导数表达式为:

$$\dot{V}_1 = \left(-\frac{2\dot{r}}{r}\dot{q} - \frac{\cos(q-\gamma_M)}{r}a_M \right)\text{sign}(\dot{q}) \quad (6-42)$$

将式(6-41)代入式(6-42),可得:

$$\begin{aligned}\dot{V}_1 &= k(\delta^{b-g}|\dot{q}|^g s + |\dot{q}|^b(1-s)) \\ &= k(\delta^{b-g}V_1^g s + V_1^b(1-s))\end{aligned} \quad (6-43)$$

由上节中的推论可知,V_1 将在固定时间内收敛至原点,且收敛时间 T 满足:

$$T < \frac{\delta^{1-b}}{k}\left(\frac{1}{b-1} + \frac{1}{1-g} \right) \quad (6-44)$$

同理,如果基于传统的固定时间收敛方法设计制导律,则可以设计法向加速度为:

$$a_M = \frac{r}{\cos(q-\gamma_M)}\left(-\frac{2\dot{r}}{r}\dot{q} + k_1|\dot{q}|^g\text{sign}(\dot{q}) + k_2|\dot{q}|^b\text{sign}(\dot{q}) \right) \quad (6-45)$$

式中:k_1 和 k_2 分别为制导律增益。

相比基于传统固定时间收敛方法设计的法向加速度(式(6-45)),所提出的基于连续切换固定时间收敛的法向加速度(式(6-41))通过切换变量 s,使得误差反馈项 $|\dot{q}|^g\text{sign}(\dot{q})$ 和 $|\dot{q}|^b\text{sign}(\dot{q})$ 工作在不同的区间。在起始阶段 $\dot{q}$ 的幅值较大时,主要通过 $|\dot{q}|^b\text{sign}(\dot{q})$ 使得 $\dot{q}$ 尽快收敛,当 $\dot{q}$ 收敛到 $(0,\delta]$ 内时,则切换为 $|\dot{q}|^g\text{sign}(\dot{q})$,继续控制 $\dot{q}$ 收敛至原点。而式(6-45)虽然也能获得固定时间收敛特性,但两误差反馈项自始至终作用在整个制导过程中,在起始阶段很容易造成特别大的法向加速度冲击。因此,式(6-41)相比式(6-45),能缓解初始阶段的法向加速度冲击作用,但收敛时间相比后者较慢。

6.2.3 连续切换固定时间收敛制导仿真验证

为了验证所设计制导律的有效性,以打击空中静止目标为背景,对基于传统固定时间收敛制导律(简记为固定时间收敛制导律1)和基于连续切换固定时间收敛的制导律(简记为固定时间收敛制导律2)的效果进行对比,制导律参数选择为:$k = 80, g = 0.5, \delta = 0.1, b = 1.5, k_1 = 8, k_2 = 80$。为了公平对比,$k_1$ 的选取原则遵循了 $k_1 = k\delta^{b-g}, k = k_2$,这样可以确保两种制导律具有相同的制导增益。飞行器初始位置为 $(0\text{m},0\text{m})$,$\gamma_M(0) = \pi/6$,目标的位置为 $(5000\text{m},5000\text{m})$。仿真结果如图6-11~图6-18所示。

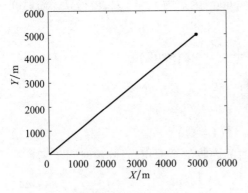

图 6-11　固定时间收敛制导律 1 (X,Y) 平面运动轨迹

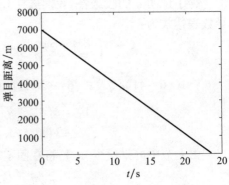

图 6-12　固定时间收敛制导律 1 弹目距离响应

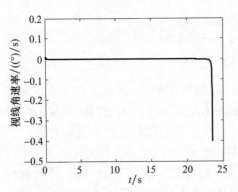

图 6-13　固定时间收敛制导律 1 视线角速率响应

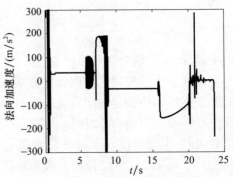

图 6-14　固定时间收敛制导律 1 法向加速度响应

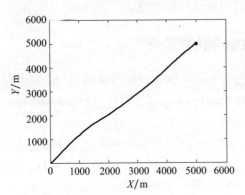

图 6-15　固定时间收敛制导律 2 (X,Y) 平面运动轨迹

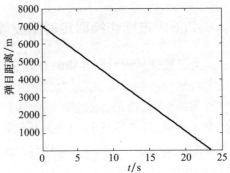

图 6-16　固定时间收敛制导律 2 弹目距离响应

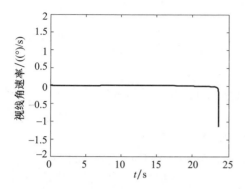

图 6-17 固定时间收敛制导律 2 视线角速率响应

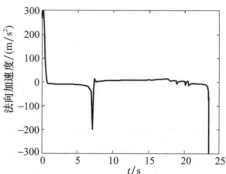

图 6-18 固定时间收敛制导律 2 法向加速度响应

由仿真结果(图 6-11 ~ 图 6-18)可知,在两种制导律下,运动轨迹和弹目距离表明飞行器可以实现对静止目标的打击,视线角速率能够在较快时间内实现收敛,但是基于传统固定时间收敛方法的协同制导律 1 在起始阶段法向加速度冲击比较剧烈,相比而言,基于连续切换固定时间收敛方法的协同制导律 2 则能缓解起始阶段的法向加速度冲击作用。

6.2.4 连续切换固定时间收敛协同制导律设计

针对二维平面下的静止目标打击,第 i 枚飞行器与目标之间的二维平面相对运动学模型可由如下的方程描述:

$$\begin{cases} \dot{r}_i = -V_{M,i}\cos\phi_i \\ \dot{q}_i = \dfrac{-V_{M,i}\sin\phi_i}{r_i} \\ \dot{\gamma}_{M,i} = \dfrac{a_{M,i}}{V_i} \\ \phi_i = \gamma_{M,i} - q_i, i = 1, 2, \cdots, n \end{cases} \quad (6-46)$$

剩余命中时间一致性误差变量定义为:

$$\xi_i = \sum_{j=1}^{n} z_{ij}(\hat{t}_{\text{go},i} - \hat{t}_{\text{go},j}) \quad (6-47)$$

式中: z_{ij} 为第 i 个飞行器与第 j 个飞行器之间的通信关系,如果两者之间有通信,则 $z_{ij} = 1$,否则 $z_{ij} = 0$。

剩余命中时间预测采用:

$$\hat{t}_{\text{go},i} = \dfrac{r_i}{V_{M,i}}\left(1 + \dfrac{\phi_i^2}{2(2N_S - 1)}\right) \quad (6-48)$$

其一阶时间导数为：

$$\dot{\hat{t}}_{go,i} = -\left(1 - \frac{\phi_i^2}{2}\right)\left(1 + \frac{\phi_i^2}{2(2N_S-1)}\right) + \frac{r_i\phi_i}{V_{M,i}(2N_S-1)}\left(\frac{a_{M,i}}{V_{M,i}} + \frac{V_{M,i}\phi_i}{r_i}\right)$$

$$\approx -1 + \frac{\phi_i^2}{2} - \frac{\phi_i^2}{2(2N_S-1)} + \frac{r_i\phi_i a_{M,i}}{V_{M,i}^2(2N_S-1)} + \frac{\phi_i^2}{2N_S-1}$$

(6-49)

连续切换固定时间收敛协同制导律设计为：

$$a_{M,i} = N_S\dot{q}_i V_{M,i}(k_i\delta^{\mu_2-\mu_1}|\xi_i|^{\mu_1}\text{sign}(\xi_i)s_i + |\xi_i|^{\mu_2}\text{sign}(\xi_i)(1-s_i) + \hat{\tau}_i\tanh(\xi_i/\varepsilon_i))$$

(6-50)

式中：k_i 为制导增益；$0 < \mu_1 < 1$；$\mu_2 > 1$；$s_i = (\text{sign}(\xi_i + \delta) - \text{sign}(\xi_i - \delta))/2$。定义 $\overline{\phi}_i$ 为 ϕ_i 的上界，ε_i 为正实数，$\hat{\tau}_i$ 为 $\tau_i = N_S\overline{\phi}_i^2$ 的估计值，其取值决定于自适应律：

$$\dot{\hat{\tau}}_i = -\gamma_d\sigma\hat{\tau}_i + \gamma_d\xi_i\tanh(\xi_i/\varepsilon_i), \hat{\tau}(0) > 0$$

(6-51)

式中：γ_d 和 σ 为正实数。

将式(6-50)代入式(6-49)的后两项，可得：

$$\frac{r_i\phi_i a_{M,i}}{V_{M,i}^2(2N_S-1)} + \frac{\phi_i^2}{2N_S-1}$$

$$= -\frac{\phi_i^2(N_S(k_i(\delta_i^{\mu_2-\mu_1}|\xi_i|^{\mu_1}\text{sign}(\xi_i)s_i + |\xi_i|^{\mu_2}\text{sign}(\xi_i)(1-s_i)) + \hat{\tau}_i\tanh(\xi_i/\varepsilon_i)) - 1)}{2N_S-1}$$

(6-52)

将式(6-52)代入式(6-49)可得：

$$\dot{\hat{t}}_{go,i} = -1 + \frac{\phi_i^2}{2} - \frac{\phi_i^2}{2(2N_S-1)}$$

$$-\frac{\phi_i^2(N_S(k_i(\delta^{\mu_2-\mu_1}|\xi_i|^{\mu_1}\text{sign}(\xi_i)s_i + |\xi_i|^{\mu_2}\text{sign}(\xi_i)(1-s_i) + \hat{\tau}_i\tanh(\xi_i/\varepsilon_i))) - 1)}{2N_S-1}$$

$$= -1 + \frac{N_S\phi_i^2(1 - k_i(\delta^{\mu_2-\mu_1}|\xi_i|^{\mu_1}\text{sign}(\xi_i)s_i + |\xi_i|^{\mu_2}\text{sign}(\xi_i)(1-s_i)) - \hat{\tau}_i\tanh(\xi_i/\varepsilon_i))}{2N_S-1}$$

(6-53)

定义 $\tilde{\tau}_i = \tau_i - \hat{\tau}_i$ 为估计误差，为了证明一致性误差变量 ξ_i 的收敛性，Lyapunov 函数 V_1 选取为：

$$V_1 = \frac{1}{2}\hat{t}_{go}^T L_A \hat{t}_{go} + \sum_{i=1}^{n}\frac{\tilde{\tau}_i^2}{2\gamma_d(2N_S-1)}$$

(6-54)

式中：$\hat{t}_{go} = [\hat{t}_{go,1}, \hat{t}_{go,2}, \cdots, \hat{t}_{go,n}]^T$。

考虑式(6-54),由于 τ_i 为恒值, $L_A 1 = 0$, V_1 的一阶时间导数可表示为:

$$\dot{V}_1 = \hat{t}_{go}^T L_A \dot{\hat{t}}_{go} - \sum_{i=1}^{n} \frac{\tilde{\tau}_i \dot{\hat{\tau}}_i}{\gamma_d (2N_S - 1)}$$

$$= \sum_{i=1}^{n} \frac{N_S \phi_i^2 (\xi_i - k_i (\delta^{\mu_2 - \mu_1} |\xi_i|^{\mu_1+1} s_i + |\xi_i|^{\mu_2+1} (1 - s_i)) - \hat{\tau}_i \xi_i \tanh(\xi_i / \varepsilon_i))}{2N_S - 1}$$

$$- \sum_{i=1}^{n} \frac{\tilde{\tau}_i \dot{\hat{\tau}}_i}{\gamma_d (2N_S - 1)} \tag{6-55}$$

由于 $N_S \phi_i^2 \leq \tau_i$,根据式(6-55)可得以下关系:

$$\dot{V}_1 \leq \sum_{i=1}^{n} \frac{-N_S k_i \phi_i^2 (\delta^{\mu_2 - \mu_1} |\xi_i|^{\mu_1+1} s_i + |\xi_i|^{\mu_2+1} (1 - s_i))}{2N_S - 1}$$

$$+ \sum_{i=1}^{n} \frac{\tau_i \xi_i - \hat{\tau}_i \xi_i \tanh(\xi_i / \varepsilon_i)}{2N_S - 1} - \sum_{i=1}^{n} \frac{\tilde{\tau}_i \dot{\hat{\tau}}_i}{\gamma_d (2N_S - 1)} \tag{6-56}$$

根据引理10,不等式 $\tau_i \xi_i \leq \tau_i \xi_i \tanh(\xi_i / \varepsilon_i) + 0.2785 \varepsilon_i \tau_i$ 成立。因此,式(6-56)可以进一步表示为:

$$\dot{V}_1 \leq \sum_{i=1}^{n} \frac{-N_S k_i \phi_i^2 (\delta^{\mu_2 - \mu_1} |\xi_i|^{\mu_1+1} s_i + |\xi_i|^{\mu_2+1} (1 - s_i))}{2N_S - 1}$$

$$+ \sum_{i=1}^{n} \frac{0.2785 q_i \tau_i + \tilde{\tau}_i \xi_i \tanh(\xi_i / q_i)}{2N_S - 1} - \sum_{i=1}^{n} \frac{\tilde{\tau}_i \dot{\hat{\tau}}_i}{\gamma_d (2N_S - 1)} \tag{6-57}$$

将式(6-51)代入式(6-57),可得:

$$\dot{V}_1 \leq \sum_{i=1}^{n} \frac{-N_S k_i \phi_i^2 (\delta^{\mu_2 - \mu_1} |\xi_i|^{\mu_1+1} s_i + |\xi_i|^{\mu_2+1} (1 - s_i))}{2N_S - 1}$$

$$+ \sum_{i=1}^{n} \frac{-\sigma \tilde{\tau}_i \hat{\tau}_i + 0.2785 q_i \tau_i}{2N_S - 1} \tag{6-58}$$

由于 $\tilde{\tau}_i \hat{\tau}_i = \tilde{\tau}_i (\tau_i - \tilde{\tau}_i) \leq -\tilde{\tau}_i^2 / 2 + \tau_i^2 / 2$,则有:

$$\dot{V}_1 \leq \sum_{i=1}^{n} \frac{-N_S k_i \phi_i^2 (\delta^{\mu_2 - \mu_1} |\xi_i|^{\mu_1+1} s_i + |\xi_i|^{\mu_2+1} (1 - s_i))}{2N_S - 1} + \Delta_1 \tag{6-59}$$

其中:

$$\Delta_1 = \sum_{i=1}^{n} \frac{-\sigma \tau_i^2 / 2 + 0.2785 \varepsilon_i \tau_i}{2N_S - 1} \tag{6-60}$$

因为 τ_i 和 ε_i 是有界的,故 Δ_1 也是有界,根据 Lyapunov 稳定性定理得知, ξ_i 和 $\tilde{\tau}$ 为一致最终有界的。

在此结论下，选择 Lyapunov 函数 $V_2 = \hat{\boldsymbol{t}}_{\text{go}}^{\text{T}} \boldsymbol{L}_A \hat{\boldsymbol{t}}_{\text{go}}/2$，其一阶时间导数可表示为：

$$\dot{V}_2 = \hat{\boldsymbol{t}}_{\text{go}}^{\text{T}} \boldsymbol{L}_A \dot{\hat{\boldsymbol{t}}}_{\text{go}}$$

$$= \sum_{i=1}^{n} \frac{N_S \phi_i^2 (\xi_i - k_i (\delta^{\mu_2-\mu_1} |\xi_i|^{\mu_1+1} s_i + |\xi_i|^{\mu_2+1}(1-s_i)) - \hat{\tau}_i \xi_i \tanh(\xi_i/\varepsilon_i))}{2N_S - 1}$$

(6-61)

根据引理 10，进一步有：

$$\dot{V}_2 \leq - \sum_{i=1}^{n} \frac{N_S k_i \phi_i^2 (\delta^{\mu_2-\mu_1} |\xi_i|^{\mu_1+1} s_i + |\xi_i|^{\mu_2+1}(1-s_i))}{2N_S - 1}$$

$$+ \sum_{i=1}^{n} \frac{0.2785 \varepsilon_i \tau_i + \tilde{\tau}_i \xi_i \tanh(\xi_i/\varepsilon_i)}{2N_S - 1}$$

$$\leq \frac{- N_S \underline{k} \underline{\phi}^2 (\delta^{\mu_2-\mu_1} 2^{(\mu_1+1)/2} V_2^{(\mu_1+1)/2} s_i + n^{\frac{1-\mu_2}{2}} V_2^{(\mu_2+1)/2} (1-s_i))}{2N_S - 1} + \Delta_2$$

(6-62)

式中：$\Delta_2 = \sum_{i=1}^{n} (0.2785 \varepsilon_i \tau_i + \tilde{\tau}_i \xi_i \tanh(\xi_i/\varepsilon_i))/(2N_S - 1)$，由于 ξ_i 和 $\tilde{\tau}$ 为有界的，因此 Δ_2 也为有界函数；$\underline{k} = \min[k_1, k_2, \cdots, k_n]$；$\underline{\phi} = \min[\phi_1, \phi_2, \cdots, \phi_n]$。

因此，V_2 将固定时间收敛至一个可控紧集内，通过调节参数可使得 ξ_i 足够小，从而实现各飞行器剩余命中时间的一致性控制。

6.2.5　连续切换固定时间收敛协同制导仿真验证

以打击空中静止目标为背景，选择 3 枚不同位置的飞行器进行仿真验证，弹间无向强连通拓扑如图 6-19 所示，飞行器初始位置和速度见表 6-3，目标位置为 (5000m, 5000m)。制导律参数设置为 $k_i = 1.3, \mu_1 = 0.5, \mu_2 = 1.5, \gamma_d = 2.7, N_S = 3, \delta = 1.2, \hat{\tau}_i(0) = 0.01, \varepsilon_i = 9, \sigma = 0.1$，最大过载限制为 $30g$。

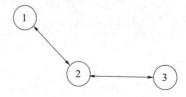

图 6-19　连续切换固定时间收敛协同制飞行器间通信拓扑

第 6 章 不同约束条件下的多飞行器协同制导方法

表 6-3 连续切换固定时间收敛协同制导各飞行器初始位置和速度

飞行器	位置/(m,m)	速度/(m/s)
飞行器 1	(500,500)	200
飞行器 2	(2000,500)	200
飞行器 3	(500,2000)	200

为了凸显特性,将基于传统固定时间收敛方法的协同制导律(制导律 1)与连续切换固定时间收敛的协同制导律(制导律 2)进行效果对比。仿真结果分别见图 6-20~图 6-23 和图 6-24~图 6-27,由平面运动轨迹和弹目距离曲线可知,虽然运动曲线稍有差异,但两种协同制导律都能保证 3 枚飞行器同时命中目标,一致性误差也能实现快速收敛。对比加速度指令曲线可以看出,采用连续切换固定时间收敛的协同制导律 2 的初始值明显小于协同制导律 1,进一步验证了所设计制导方法能够有效减弱初始冲击作用。

综上所述,基于连续切换固定时间收敛方法的协同制导律可以实现多个飞行器最终同时命中目标,并且相比基于已有固定时间收敛方法的协同制导律,能够有效降低初始阶段的法向加速度冲击。

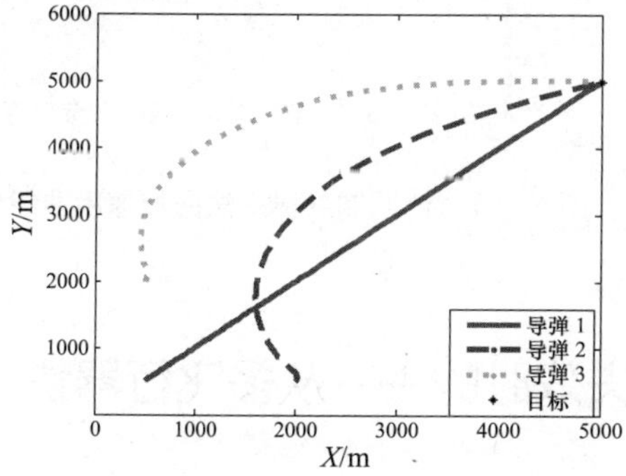

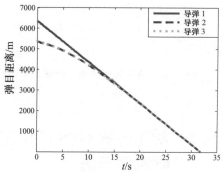

图 6-20 协同制导律 1 (X,Y) 平面运动轨迹

图 6-21 协同制导律 1 弹目距离曲线

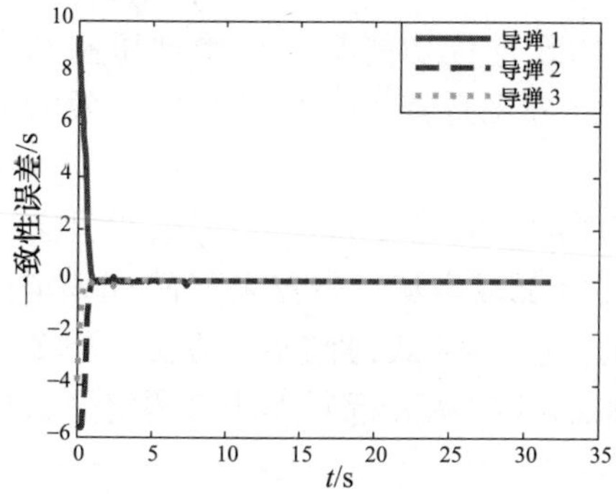

图 6-22 协同制导律 1 一致性误差曲线

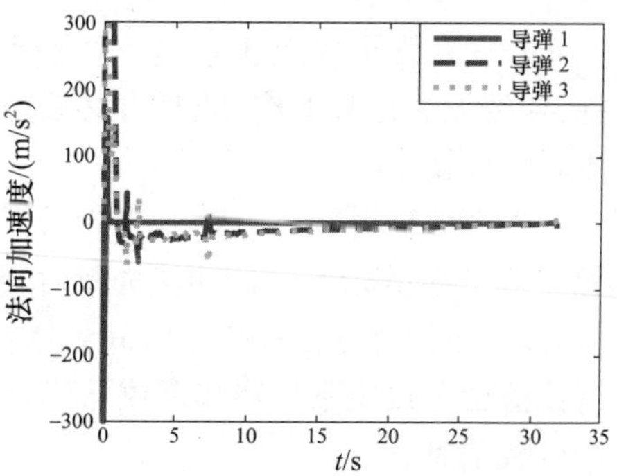

图 6-23 协同制导律 1 法向加速度曲线

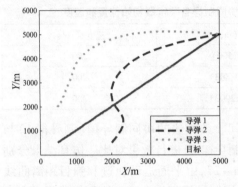

图 6-24 协同制导律 2(X,Y)平面运动轨迹

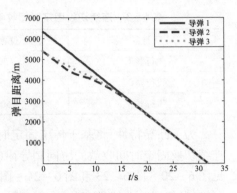

图 6-25 协同制导律 2 弹目距离曲线

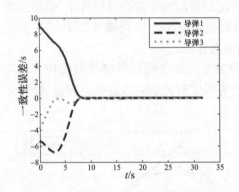

图 6-26 协同制导律 2 一致性误差曲线

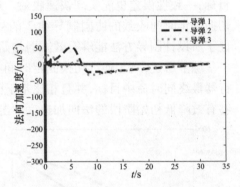

图 6-27 协同制导律 2 法向加速度曲线

6.3 从飞行器 GPS 目标定位失效时的主-从多飞行器协同制导方法

考虑在强干扰拒止环境下,飞行器的 GPS 定位功能有时会受到压制和干扰,导致无法正常工作,此时有必要研究当部分飞行器 GPS 定位功能失效时的协同制导技术。

本部分针对"主-从"式多飞行器指定时间同时命中目标的问题,设计了一种当从飞行器 GPS 定位功能失效时,或为了降低成本从飞行器未配置 GPS 定位装置时,依然能保证在指定时间到达目标的"主-从"式协同制导方法。整个飞行器群由 1 枚主飞行器和多枚从飞行器组成,其中从飞行器无法探测定位目标的位置信息。

假设飞行器群各包含 1 枚主飞行器和 n 枚从飞行器。可采用代数图论来表示飞行器之间的通信关系。从飞行器之间的通信关系可以用邻接矩阵 $\mathbf{\Lambda} = [a_{ij}]$ 来表示,如果第 $i(i=1,2,\cdots,n)$ 枚从飞行器能够和第 $j(j=1,2,\cdots,n,j\neq i)$ 枚从飞行器建立通信关系,则 $a_{ij}=1$,否则,$a_{ij}=0$。主飞行器只可以发送信息给满足通信条件的部分从飞行器,但不能接收从飞行器的信息,采用 c_i 表示第 i 枚从飞行器与主飞行器之间的通信关系,如果可接收主飞行器信息,则 $c_i=1$,否则 $c_i=0$。如果网络化通信拓扑中的任意两个飞行器节点总存在至少一条通信路径,则称此通信拓扑图为连通图。如果通信拓扑图中的信息传输都是双向的,则称该图为无向图,若存在单向的信息传输链路,则称该通信拓扑图为有向图。

6.3.1 三维空间下飞行器相对运动关系

三维空间下飞行器运动关系可以表示为:

$$\begin{bmatrix} \dot{x}_i \\ \dot{y}_i \\ \dot{z}_i \end{bmatrix} = \begin{bmatrix} v_{x,i} \\ v_{y,i} \\ v_{z,i} \end{bmatrix} = \begin{bmatrix} V_i\cos\theta_i\cos\psi_i \\ V_i\sin\theta_i \\ -V_i\cos\theta_i\sin\psi_i \end{bmatrix} \quad (6-63)$$

式中:$[x_i,y_i,z_i]^T$ 和 $[v_{x,i},v_{y,i},v_{z,i}]^T$ 分别表示第 i 个飞行器在惯性坐标系下 x、y、z 方向的位置和速度向量;V_i、θ_i 和 ψ_i 分别表示飞行器速度、航迹倾角和航迹偏角,其动态方程满足

$$\begin{bmatrix} \dot{V}_i \\ \dot{\theta}_i \\ \dot{\psi}_i \end{bmatrix} = \begin{bmatrix} a_{x,i}^* \\ \dfrac{a_{y,i}^*}{V_i} \\ -\dfrac{a_{z,i}^*}{V_i\cos\theta_i} \end{bmatrix} \quad (6-64)$$

式中:$a_{x,i}^*$、$a_{y,i}^*$ 和 $a_{z,i}^*$ 分别表示弹道坐标下 x、y 和 z 方向的加速度分量。

定义惯性坐标系下的加速度分量 $a_{x,i}$、$a_{y,i}$ 和 $a_{z,i}$ 为:

$$\begin{bmatrix} \ddot{x}_i \\ \ddot{y}_i \\ \ddot{z}_i \end{bmatrix} = \begin{bmatrix} a_{x,i} \\ a_{y,i} \\ a_{z,i} \end{bmatrix} \quad (6-65)$$

惯性坐标系加速度分量 $a_{x,i}$、$a_{y,i}$ 和 $a_{z,i}$ 与弹道坐标系加速度分量 $a_{x,i}^*$、$a_{y,i}^*$ 和 $a_{z,i}^*$ 的转换关系为:

$$\begin{bmatrix} a_{x,i} \\ a_{y,i} \\ a_{z,i} \end{bmatrix} = \begin{bmatrix} \cos\theta_i\cos\psi_i & -\sin\theta_i\cos\psi_i & \sin\psi_i \\ \sin\theta_i & \cos\theta_i & 0 \\ -\cos\theta_i\sin\psi_i & \sin\theta_i\sin\psi_i & \cos\psi_i \end{bmatrix} \begin{bmatrix} a_{x,i}^* \\ a_{y,i}^* \\ a_{z,i}^* \end{bmatrix} \quad (6-66)$$

视线坐标系下第 i 个飞行器与目标的相对运动关系可以用式(5-20)来表示,加速度向量从惯性坐标系到视线坐标系的转换关系为:

$$\begin{bmatrix} a_{R,i}^L \\ a_{\varepsilon,i}^L \\ a_{\eta,i}^L \end{bmatrix} = \begin{bmatrix} \cos\varepsilon_i\cos\eta_i & \sin\varepsilon_i & -\cos\varepsilon_i\sin\eta_i \\ -\sin\varepsilon_i\cos\eta_i & \cos\varepsilon_i & \sin\varepsilon_i \\ \sin\eta_i & 0 & \cos\eta_i \end{bmatrix} \begin{bmatrix} a_{x,i} \\ a_{y,i} \\ a_{z,i} \end{bmatrix} \quad (6-67)$$

利用飞行器和目标的位置信息通过下式计算可获得 R_i、ε_i 和 η_i 信息:

$$R_i = \sqrt{(x_t - x_i)^2 + (y_t - y_i)^2 + (z_t - z_i)^2} \quad (6-68)$$

$$\varepsilon_i = \arctan\left(\frac{y_t - y_i}{\sqrt{(x_t - x_i)^2 + (z_t - z_i)^2}}\right) \quad (6-69)$$

$$\eta_i = -\arctan\left(\frac{z_t - z_i}{x_t - x_i}\right) \quad (6-70)$$

式中:$[x_t, y_t, z_t]^T$ 表示目标在惯性坐标系下的位置坐标。

6.3.2 主飞行器攻击时间控制制导律设计

由于主飞行器不接收从飞行器的状态信息,制导律独立设计,定义主飞行器的到达时间误差为:

$$e_t = t_{go} + t - T_d \quad (6-71)$$

式中:T_d 表示期望的到达时间;t_{go} 为主飞行器的剩余飞行时间,其可以通过下式预测,即

$$\hat{t}_{go} = -\frac{R_0}{\dot{R}_0} \quad (6-72)$$

若可以保证 e_t、$\dot{\varepsilon}_0$ 和 $\dot{\eta}_0$ 在期望的到达时间 T_d 前稳定收敛,则可以实现主飞行器在 T_d 时刻到达目标。

为制导律设计需要,引入时变函数:

$$\psi(t) = \begin{cases} \dfrac{T_f^m}{(T_f - t)}, & t \in [0, T_f) \\ 1, & t \in [T_f, \infty) \end{cases} \quad (6-73)$$

式中:$m \geq 2$ 为正实数;$T_f > 0$。

ψ 的一阶时间导数满足:

$$\dot{\psi}(t) = \begin{cases} \dfrac{m}{T_f}\psi^{1+\frac{1}{m}}, & t \in [0, T_f) \\ 0, & t \in [T_f, \infty) \end{cases} \quad (6-74)$$

主飞行器的到达时间可控制导律设计为:

$$\begin{cases} a_{R,0}^L = R_0\dot{\varepsilon}_0^2 + R_0\dot{\eta}_0^2\cos^2\varepsilon_0 + \left(k_{1,0} + \dfrac{\dot{\psi}}{\psi}\right)\dot{R}_0^2 e_t/R_0 \\ a_{\varepsilon,0}^L = -2\dot{R}_0\dot{\varepsilon}_0 - R_0\dot{\eta}_0^2\sin\varepsilon_0\cos\varepsilon_0 + \left(k_{2,0} + \dfrac{\dot{\psi}}{\psi}\right)R_0\dot{\varepsilon}_0 \\ a_{\eta,0}^L = -2\dot{R}_0\dot{\eta}_0\cos\varepsilon_0 + 2R_0\dot{\varepsilon}_0\dot{\eta}_0\sin\varepsilon_0 - \left(k_{3,0} + \dfrac{\dot{\psi}}{\psi}\right)R_0\dot{\eta}_0\cos\varepsilon_0 \end{cases} \quad (6-75)$$

式中:$k_{1,0}$、$k_{2,0}$ 和 $k_{3,0}$ 为正实数。

攻击时间误差的一阶时间导数满足:

$$\begin{aligned} \dot{e}_t &= \dot{\hat{t}}_{go} + 1 \\ &= \dfrac{R_0}{\dot{R}_0^2}(R_0\dot{\varepsilon}_0^2 + R_0\dot{\eta}_0^2\cos^2\varepsilon_0 - a_{R,0}^L) \end{aligned} \quad (6-76)$$

将式(6-75)代入式(6-76)可得:

$$\begin{bmatrix} \dot{e}_t \\ \ddot{\varepsilon}_0 \\ \ddot{\eta}_0 \end{bmatrix} = \begin{bmatrix} -(k_{1,0}+\dot{\psi}/\psi) & 0 & 0 \\ 0 & -(k_{2,0}+\dot{\psi}/\psi) & 0 \\ 0 & 0 & -(k_{3,0}+\dot{\psi}/\psi) \end{bmatrix} \begin{bmatrix} e_t \\ \dot{\varepsilon}_0 \\ \dot{\eta}_0 \end{bmatrix} \quad (6-77)$$

选择 Lyapunov 函数 W_1 为:

$$W_1 = \frac{1}{2}e_t^2 + \frac{1}{2}\dot{\varepsilon}_0^2 + \frac{1}{2}\dot{\eta}_0^2 \quad (6-78)$$

W_1 的一阶时间导数为:

$$\begin{aligned} \dot{W}_1 &= e_t\dot{e}_t + \dot{\varepsilon}_0\ddot{\varepsilon}_0 + \dot{\eta}_0\ddot{\eta}_0 \\ &\leqslant -\left(k_m + \dfrac{\dot{\psi}}{\psi}\right)(e_t^2 + \dot{\varepsilon}_0^2 + \dot{\eta}_0^2) \\ &\leqslant -2\left(k_m + \dfrac{\dot{\psi}}{\psi}\right)W_1 \end{aligned} \quad (6-79)$$

式中:$k_m = \min\{k_{1,0}, k_{2,0}, k_{3,0}\}$。

在式(6-79)的两端同时乘以 ψ^2 可得:

$$\psi^2 \dot{W}_1 \leqslant -2k_m\psi^2 W_1 - 2\psi\dot{\psi}W_1 \quad (6-80)$$

整理式(6-80)可得:

$$\frac{\mathrm{d}(\psi^2 W_1)}{\mathrm{d}t} \leqslant -2k_m\psi^2 W_1 \quad (6-81)$$

对方程两端积分可得:

$$W_1 \leqslant \psi^{-2}\exp^{-2k_m t}W_1(0) \qquad (6-82)$$

式中:$W_1(0)$ 为 W_1 的初始值。

进一步可得:

$$\|e_t\|^2 + \|\varepsilon_0\|^2 + \|\eta_0\|^2 \leqslant 2\psi^{-2}\exp^{-2k_m t}\|W_1(0)\| \qquad (6-83)$$

由于 $\lim_{t\to T_f}\psi^{-2}=0$,可得当 $t=T_f$ 时,$e_t=\varepsilon_0=\eta_0=0$,又因为 $k_m>0$ 和 $\dot\psi/\psi\geqslant 0$,故对于 $t\in(T_f,\infty)$,$\dot W_1\leqslant 0$。当 $t>T_f$ 时,W_1 依然能够保持在原点。因此,W_1 能够保证在固定时间收敛,且收敛时间小于 T_f。

鉴于 $\lim_{t\to T_f}\psi\to\infty$,有必要分析式(6-75)中 $\dot\psi e_t/\psi$、$\dot\psi\dot\varepsilon_0/\psi$ 和 $\dot\psi\dot\eta_0/\psi$ 在 $t=T_f$ 时的有界性,由式(6-83)可得:

$$\begin{bmatrix} \|e_t\| \\ \|\dot\varepsilon_0\| \\ \|\dot\eta_0\| \end{bmatrix} \leqslant \sqrt{2}\psi^{-1}\exp^{-k_m t}\|W_1(0)\|^{\frac{1}{2}}\begin{bmatrix}1\\1\\1\end{bmatrix} \qquad (6-84)$$

考虑到:

$$\frac{\dot\psi}{\psi}=\begin{cases}\dfrac{m}{T_f}\psi^{\frac{1}{m}}, & t\in[0,T_f)\\ 0, & t\in[T_f,\infty)\end{cases} \qquad (6-85)$$

进一步可得:

$$\begin{bmatrix}\dot\psi e_t/\psi\\ \dot\psi\dot\varepsilon_0/\psi\\ \dot\psi\dot\eta_0/\psi\end{bmatrix} \leqslant \frac{m\psi^{\frac{1}{m}}}{T_f}\begin{bmatrix}\|e_t\|\\ \|\dot\varepsilon_0\|\\ \|\dot\eta_0\|\end{bmatrix} \leqslant \frac{\sqrt{2}m}{T_f}\psi^{-(1-\frac{1}{m})}\exp^{-k_m t}\|W_1(0)\|^{\frac{1}{2}}\begin{bmatrix}1\\1\\1\end{bmatrix}$$

$$(6-86)$$

由于 $m\geqslant 2$,故 $1-1/m>0$,$\lim_{t\to T_f}\psi^{-(1-1/m)}=0$ 成立。因此,所设计的渐进时间收敛制导律是一致最终有界的。

通过以上分析可知,e_t、$\dot\varepsilon_0$ 和 $\dot\eta_0$ 能够实现固定时间收敛。为提升攻击时间控制精度,可设置 $T_f\leqslant T_d$,保证攻击时间误差收敛时间先于攻击时间指令 T_d。

6.3.3 基于位置协同的无导引头从飞行器协同制导律设计

不同于主飞行器,从飞行器由于未配置探测导引头不能直接获取目标位置信息,因此 R_i、η_i 和 ε_i 是未知的,不能应用于制导律设计中。定义:

$$e_{1,i}=\begin{bmatrix}x_i-x_0\\ y_i-y_0\\ z_i-z_0\end{bmatrix}-\Delta\boldsymbol{P}_i^* \qquad (6-87)$$

和

$$e_{2,i} = \begin{bmatrix} v_{x,i} - v_{x,0} \\ v_{y,i} - v_{y,0} \\ v_{z,i} - v_{z,0} \end{bmatrix} - \Delta \dot{\boldsymbol{P}}_i^* \quad (6-88)$$

式中：$\Delta \boldsymbol{P}_i^* = [\Delta x_i^* \quad \Delta y_i^* \quad \Delta z_i^*]^T$ 表示主飞行器和第 i 个从飞行器的期望相对位置向量。

如果可以保证 $e_{1,i} = e_{2,i} = 0$，且：

$$\begin{cases} \Delta \boldsymbol{P}_i^* \neq \boldsymbol{0}_3, t \neq T_d \\ \Delta \boldsymbol{P}_i^* = \boldsymbol{0}_3, t = T_d \end{cases} \quad (6-89)$$

则可以使得主飞行器和从飞行器同时命中目标。

为了满足要求，可以选择：

$$\Delta \boldsymbol{P}_i^* = \begin{bmatrix} \Delta x_i^* \\ \Delta y_i^* \\ \Delta z_i^* \end{bmatrix} = \begin{bmatrix} p_{i,1} \\ p_{i,2} \\ p_{i,3} \end{bmatrix} \boldsymbol{R}_0 \quad (6-90)$$

式中：$p_{i,1}$、$p_{i,2}$ 和 $p_{i,3} \in (0,1)$ 为第 i 个飞行器在 x、y 和 z 方向的比例系数。

鉴于当 $t \neq T_d$ 时，主飞行器和目标之间的距离 $R_0 \neq 0$，$t = T_d$ 时，$R_0 = 0$，所以 $\Delta \boldsymbol{P}_i^*$ 能够满足要求。在期望的攻击时刻 T_d，可得：

$$\begin{bmatrix} \Delta x_i^* \\ \Delta y_i^* \\ \Delta z_i^* \end{bmatrix} = \begin{bmatrix} 0 \\ 0 \\ 0 \end{bmatrix} \quad (6-91)$$

式 (6-91) 意味着在攻击时刻 T_d，满足 $[x_i y_i z_i]^T = [x_0 y_0 z_0]^T$。即从飞行器和主飞行器最终能够在 T_d 同时到达目标。

为了达到协同制导目的，应使得 $e_{1,i}$ 和 $e_{2,i}$ 收敛。考虑到部分不在通信范围内的从飞行器不能接收领弹信息，R_0 和 $\Delta \boldsymbol{P}_i^*$ 对部分从飞行器为未知项，因此 $e_{1,i}$ 不能直接应用于协同制导律设计中。针对此问题，引入一致性协同变量为：

$$\boldsymbol{\xi}_{1,i} = \begin{bmatrix} \xi_{1,i}^x \\ \xi_{1,i}^y \\ \xi_{1,i}^z \end{bmatrix} = \sum_{j=1}^{n} a_{i,j} \begin{bmatrix} x_i - x_j - \Delta x_{i,j}^* \\ y_i - y_j - \Delta y_{i,j}^* \\ z_i - z_j - \Delta z_{i,j}^* \end{bmatrix} + \mu_i \begin{bmatrix} x_i - x_0 - \Delta x_i^* \\ y_i - y_0 - \Delta y_i^* \\ z_i - z_0 - \Delta z_i^* \end{bmatrix} \quad (6-92)$$

和

$$\boldsymbol{\xi}_{2,i} = \begin{bmatrix} \xi_{2,i}^x \\ \xi_{2,i}^y \\ \xi_{2,i}^z \end{bmatrix} = \boldsymbol{v}_i - \boldsymbol{\alpha}_i \quad (6-93)$$

式中:$\boldsymbol{\alpha}_i$ 表示虚拟控制项;$\boldsymbol{\nu}_i = \begin{bmatrix} \nu_{x,i} & \nu_{y,i} & \nu_{z,i} \end{bmatrix}^T$。$\begin{bmatrix} \Delta x_{i,j}^* & \Delta y_{i,j}^* & \Delta z_{i,j}^* \end{bmatrix}^T$ 定义为

$$\begin{bmatrix} \Delta x_{i,j}^* \\ \Delta y_{i,j}^* \\ \Delta z_{i,j}^* \end{bmatrix} = \begin{bmatrix} \Delta x_i^* - \Delta x_j^* \\ \Delta y_i^* - \Delta y_j^* \\ \Delta z_i^* - \Delta z_j^* \end{bmatrix} \quad (6-94)$$

文献已证明如果保证 $\boldsymbol{\xi}_{1,i} = 0$ 和 $\boldsymbol{\xi}_{2,i} = 0$,则可使得 $\boldsymbol{e}_{1,i}$ 和 $\boldsymbol{e}_{2,i}$ 收敛,向量 $\boldsymbol{\xi}_1 = [\boldsymbol{\xi}_{1,1}, \boldsymbol{\xi}_{1,2}, \cdots, \boldsymbol{\xi}_{1,n}]^T$ 可表示为

$$\boldsymbol{\xi}_1 = ((\boldsymbol{L}_A + \boldsymbol{B}) \otimes \boldsymbol{I}_3) \boldsymbol{e}_1 \quad (6-95)$$

式中:$\boldsymbol{B} = \mathrm{diag}\{\mu_1, \mu_2, \cdots, \mu_n\}$;$\boldsymbol{e}_1 = [\boldsymbol{e}_{1,1}, \boldsymbol{e}_{1,2}, \cdots, \boldsymbol{e}_{1,n}]^T$。

可得:

$$\begin{cases} \dot{\boldsymbol{e}}_{1,i} = \boldsymbol{e}_{2,i} \\ \dot{\boldsymbol{e}}_{2,i} = \boldsymbol{a}_i - \boldsymbol{a}_0 - \Delta \dot{\boldsymbol{V}}_i^* \end{cases} \quad (6-96)$$

式中:$\boldsymbol{a}_i = [a_{x,i}, a_{y,i}, a_{z,i}]^T$ 表示惯性坐标系下 x、y 和 z 轴方向的加速度向量。

定义 $\boldsymbol{P}_i = \begin{bmatrix} x_i & y_i & z_i \end{bmatrix}^T$,则下式成立:

$$\begin{cases} \dot{\boldsymbol{P}}_i = \boldsymbol{\xi}_{2,i} + \boldsymbol{\alpha}_i \\ \dot{\boldsymbol{\xi}}_{2,i} = \boldsymbol{a}_i - \dot{\boldsymbol{\alpha}}_i \end{cases} \quad (6-97)$$

进一步可得:

$$\boldsymbol{\xi}_1 = ((\boldsymbol{L}_A + \boldsymbol{B}) \otimes \boldsymbol{I}_3) \begin{bmatrix} \boldsymbol{P}_1 - \boldsymbol{P}_0 - \Delta \boldsymbol{P}_1^* \\ \boldsymbol{P}_2 - \boldsymbol{P}_0 - \Delta \boldsymbol{P}_1^* \\ \vdots \\ \boldsymbol{P}_n - \boldsymbol{P}_0 - \Delta \boldsymbol{P}_n^* \end{bmatrix} \quad (6-98)$$

式中:$\boldsymbol{P}_0 = \begin{bmatrix} x_0 & y_0 & z_0 \end{bmatrix}^T$。

定义:

$$\boldsymbol{w}_i = \begin{bmatrix} w_{x,i} \\ w_{y,i} \\ w_{z,i} \end{bmatrix} = |\overline{\boldsymbol{P}}_0 + \Delta \overline{\boldsymbol{P}}_i^*| \quad (6-99)$$

式中:$\overline{\boldsymbol{P}}_0$ 和 $\Delta \overline{\boldsymbol{P}}_i^*$ 表示 $\boldsymbol{P}_0$ 和 $\Delta \boldsymbol{P}_i^*$ 的上界。

基于位置协同的自适应协同制导律设计为:

$$\begin{cases} \boldsymbol{\alpha}_i = -k_{1,i} |\boldsymbol{\xi}_{1,i}|^{\mu_1} \mathrm{sign}(\boldsymbol{\xi}_{1,i}) - \hat{\boldsymbol{w}}_i \\ \dot{\hat{\boldsymbol{w}}}_i = -\rho_i \sigma_i \hat{\boldsymbol{w}}_i^{\mu_2} + \rho_i |\boldsymbol{\xi}_{1,i}| \\ \boldsymbol{a}_i = -k_{2,i} |\boldsymbol{\xi}_{2,i}|^{\mu_3} \mathrm{sign}(\boldsymbol{\xi}_{2,i}) + \dot{\boldsymbol{\alpha}}_i \end{cases} \quad (6-100)$$

式中:$k_{1,i}$ 和 $k_{2,i}$ 为正增益;$0 < \mu_1, \mu_2, \mu_3 < 1$;$\hat{w}_i$ 为 w_i 的观测值;ρ_i 和 σ_i 为正实数。

为了证明所设计协同制导律的稳定性,选择 Lyapunov 函数为:

$$W_2 = \frac{1}{2} \sum_{i=1}^{n} \boldsymbol{\xi}_{2,i}^{\mathrm{T}} \boldsymbol{\xi}_{2,i} \tag{6-101}$$

W_2 的一阶时间导数可以表示为:

$$\dot{W}_2 = \sum_{i=1}^{n} \boldsymbol{\xi}_{2,i}^{\mathrm{T}} \dot{\boldsymbol{\xi}}_{2,i} = -\sum_{i=1}^{n} k_{2,i} \| \boldsymbol{\xi}_{2,i} \|_{\mu_1+1}^{\mu_1+1} \tag{6-102}$$

鉴于 $\| \bullet \|_{1+\mu_1}^{1+\mu_1} \geqslant \| \bullet \|_{2}^{1+\mu_1}$,进一步可得:

$$\dot{W}_2 \leqslant -\sum_{i=1}^{n} k_{2,i} \| \boldsymbol{\xi}_{2,i} \|_{2}^{\mu_1+1}$$

$$\leqslant -\min\{k_{2,i}\} \left(\sum_{i=1}^{n} (\boldsymbol{\xi}_{2,i}^{\mathrm{T}} \boldsymbol{\xi}_{2,i}) \right)^{\frac{\mu_1+1}{2}}$$

$$\leqslant -\min\{k_{2,i}\} 2^{\frac{\mu_1+1}{2}} W_2^{\frac{\mu_1+1}{2}} \tag{6-103}$$

由于 $0 < \mu_1 < 1$,显然可得 $0 < (\mu_1 + 1)/2 < 1$,因此 W_2 和 $\boldsymbol{\xi}_{2,i}$ 是有限时间收敛的。随着 $\boldsymbol{\xi}_{2,i}$ 的收敛,进一步可知:

$$\dot{\boldsymbol{P}}_i = -k_{1,i} |\boldsymbol{\xi}_{1,i}|^{\mu_1} \mathrm{sign}(\boldsymbol{\xi}_{1,i}) - \hat{w}_i \tag{6-104}$$

选择 Lyapunov 函数 W_3 为:

$$W_3 = \frac{1}{2} \boldsymbol{e}_1^{\mathrm{T}} ((\boldsymbol{L}_A + \boldsymbol{B}) \otimes \boldsymbol{I}_3) \boldsymbol{e}_1 + \frac{1}{2} \sum_{i=1}^{n} \frac{\widetilde{\boldsymbol{w}}_i^{\mathrm{T}} \widetilde{\boldsymbol{w}}_i}{\rho_i} \tag{6-105}$$

式中:$\widetilde{\boldsymbol{w}}_i = \hat{\boldsymbol{w}}_i - \boldsymbol{w}_i$ 为观测误差向量。

W_3 的一阶时间导数满足:

$$\dot{W}_3 = \boldsymbol{e}_1^{\mathrm{T}}((\boldsymbol{L}_A + \boldsymbol{B}) \otimes \boldsymbol{I}_3) \dot{\boldsymbol{e}}_1 + \sum_{i=1}^{n} \frac{\widetilde{\boldsymbol{w}}_i^{\mathrm{T}} \dot{\hat{\boldsymbol{w}}}_i}{\rho_i}$$

$$= \boldsymbol{\xi}_1^{\mathrm{T}} \begin{bmatrix} \dot{\boldsymbol{P}}_1 - \dot{\boldsymbol{P}}_0 - \Delta \dot{\boldsymbol{P}}_1^* \\ \dot{\boldsymbol{P}}_2 - \dot{\boldsymbol{P}}_0 - \Delta \dot{\boldsymbol{P}}_1^* \\ \vdots \\ \dot{\boldsymbol{P}}_n - \dot{\boldsymbol{P}}_0 - \Delta \dot{\boldsymbol{P}}_n^* \end{bmatrix} + \sum_{i=1}^{n} \frac{\widetilde{\boldsymbol{w}}_i^{\mathrm{T}} \dot{\hat{\boldsymbol{w}}}_i}{\rho_i} \tag{6-106}$$

整理得:

$$\dot{W}_3 = \sum_{i=1}^{n} \boldsymbol{\xi}_{1,i}^{\mathrm{T}}(-k_{1,i} |\boldsymbol{\xi}_{1,i}|^{\mu_1} \mathrm{sign}(\boldsymbol{\xi}_{1,i}) - \hat{\boldsymbol{w}}_i - \dot{\boldsymbol{P}}_0 - \Delta \dot{\boldsymbol{P}}_i^*) + \sum_{i=1}^{n} \frac{\widetilde{\boldsymbol{w}}_i^{\mathrm{T}} \dot{\hat{\boldsymbol{w}}}_i}{\rho_i} \tag{6-107}$$

进一步整理可得:

$$\dot{W}_3 \leqslant \sum_{i=1}^{n}\left(-k_{1,i}\|\boldsymbol{\xi}_{1,i}\|_{1+\mu_1}^{1+\mu_1} - |\boldsymbol{\xi}_{1,i}^{\mathrm{T}}|\hat{\boldsymbol{w}}_i + |\boldsymbol{\xi}_{1,i}^{\mathrm{T}}|\boldsymbol{w}_i\right) + \sum_{i=1}^{n}\frac{\widetilde{\boldsymbol{w}}_i^{\mathrm{T}}\dot{\hat{\boldsymbol{w}}}_i}{\rho_i}$$

$$\leqslant \sum_{i=1}^{n}\left(-k_{1,i}\|\boldsymbol{\xi}_{1,i}\|_{1+\mu_1}^{1+\mu_1} - |\boldsymbol{\xi}_{1,i}^{\mathrm{T}}|\widetilde{\boldsymbol{w}}_i\right) + \sum_{i=1}^{n}\frac{\widetilde{\boldsymbol{w}}_i^{\mathrm{T}}\dot{\hat{\boldsymbol{w}}}_i}{\rho_i}$$

(6-108)

即：

$$\dot{W}_3 \leqslant -\sum_{i=1}^{n} k_{1,i}\|\boldsymbol{\xi}_{1,i}\|_{1+\mu_1}^{1+\mu_1} - \sum_{i=1}^{n} \sigma_i \widetilde{\boldsymbol{w}}_i^{\mathrm{T}} \hat{\boldsymbol{w}}_i^{\mu_1} \quad (6-109)$$

参考文献[27]和[28]的结果，进一步可得：

$$\widetilde{\boldsymbol{w}}_i^{\mathrm{T}} \hat{\boldsymbol{w}}_i^{\mu_1} \leqslant \eta_1 \|\widetilde{\boldsymbol{w}}_i\|_{1+\mu_1}^{1+\mu_1} - \eta_2 \|\boldsymbol{w}_i\|_{1+\mu_1}^{1+\mu_1} \quad (6-110)$$

式中：η_1 和 η_2 决定于

$$\begin{cases} \eta_1 = \dfrac{1}{1+\mu_1}(2^{(\mu_1-1)(\mu_1+1)} - 2^{(\mu_1-1)}) \\ \eta_2 = \dfrac{1}{1+\mu_1}\left(1 - 2^{\mu_1-1} + \dfrac{\mu_1}{1+\mu_1} + \dfrac{2^{(\mu_1-1)(1-\mu_1)(\mu_1+1)}}{1+\mu_1}\right) \end{cases} \quad (6-111)$$

可以得到：

$$\dot{W}_3 \leqslant -\sum_{i=1}^{n} k_{1,i}\|\boldsymbol{\xi}_{1,i}\|_{1+\mu_1}^{1+\mu_1} - \eta_1 \sum_{i=1}^{n}\|\widetilde{\boldsymbol{w}}_i\|_{1+\mu_1}^{1+\mu_1} + \eta_2 \sum_{i=1}^{n}\|\boldsymbol{w}_i\|_{1+\mu_1}^{1+\mu_1}$$

(6-112)

对结果整理可得：

$$\dot{W}_3 \leqslant -\sum_{i=1}^{n} k_{1,i}\|\boldsymbol{\xi}_{1,i}\|_{2}^{1+\mu_1} - \eta_1 \sum_{i=1}^{n}\|\widetilde{\boldsymbol{w}}_i\|_{2}^{1+\mu_1} + \eta_2 \sum_{i=1}^{n}\|\boldsymbol{w}_i\|_{1+\mu_1}^{1+\mu_1}$$

(6-113)

进一步可得：

$$\dot{W}_3 \leqslant -\min\{k_{1,i}, \eta_1\} W_3^{\frac{1+\mu_1}{2}} + \eta_2 \sum_{i=1}^{n}\|\boldsymbol{w}_i\|_{1+\mu_1}^{1+\mu_1} \quad (6-114)$$

由于 $\boldsymbol{w}_i$ 是有界的，因此 W_3 能够实际有限时间收敛。因此，$\boldsymbol{\xi}_{1,i}$ 和 $\boldsymbol{\xi}_{2,i}$ 通过所设计的协同制导律可达到实际有限时间收敛。主飞行器和从飞行器能够在期望的攻击时间 T_d 同时到达目标。

为了防止飞行器之间的碰撞，即避免自撞事故，可以选择式中不同的比例系数，由于参考位置是不重叠的，将使各飞行器除了在攻击时间 T_d 之外趋于不同位置点，从而达到碰撞自规避。

6.3.4 从飞行器 GPS 目标定位失效时的协同制导方法仿真验证

为了验证所设计方法的正确性和有效性，选择 1 个主飞行器和 3 个从飞行器,飞行器之间的通信拓扑如图6-28所示,目标位置设定为(0m,0m,0m),各飞行器的初始位置和速度如表6-4所列。参数设置为:$T_d=35\text{s}$,$T_f=10\text{s}$,$k_{1,0}=k_{2,0}=k_{3,0}=10$,$\alpha=0.5$,$\beta=1.5$,$k_{1,1}=k_{1,2}=k_{1,3}=5$,$k_{2,1}=k_{2,2}=k_{2,3}=8$,$\mu_1=\mu_2=\mu_3=0.5$,$\rho_i=0.05$,$\sigma_i=0.03$,$p_{1,1}=p_{1,2}=p_{1,3}=0.2$,$p_{2,1}=p_{2,2}=p_{2,3}=0.4$,$p_{3,1}=p_{3,2}=p_{3,3}=0.6$。仿真结果如图6-29~图6-35所示。

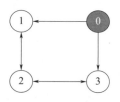

图6-28 飞行器之间的通信拓扑

表6-4 主飞行器和从飞行器的初始位置和速度

飞行器	初始位置/(m,m,m)	速度/(m/s)
主飞行器	(4048,8500,7565)	330
从飞行器1	(5960,6191,9596)	350
从飞行器2	(6561,5000,4680)	310
从飞行器3	(8116,7382,5910)	310

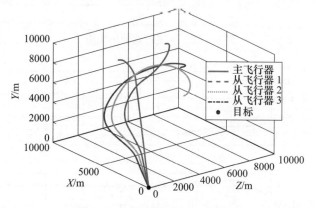

图6-29 飞行器空间运动轨迹

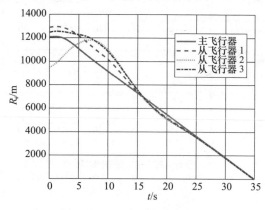

图6-30 飞行器与目标距离

141

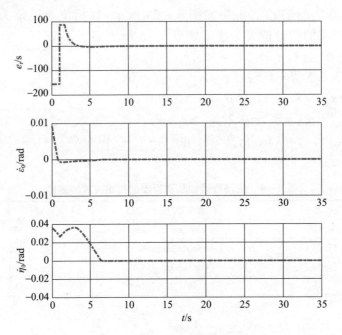

图 6-31　主飞行器输出响应

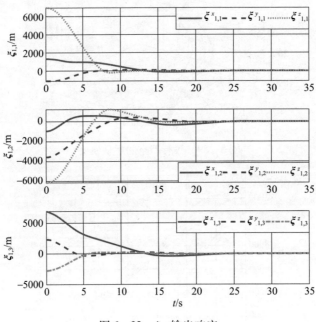

图 6-32　$\xi_{1,i}$ 输出响应

第 6 章 不同约束条件下的多飞行器协同制导方法

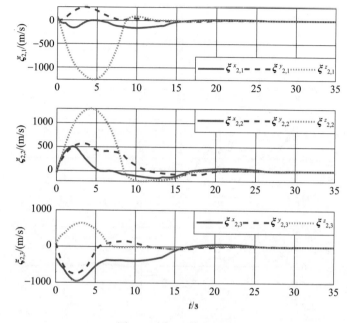

图 6-33 $\xi_{2,i}$ 输出响应

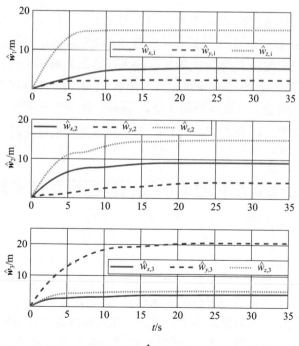

图 6-34 $\hat{w}_i$ 输出响应

143

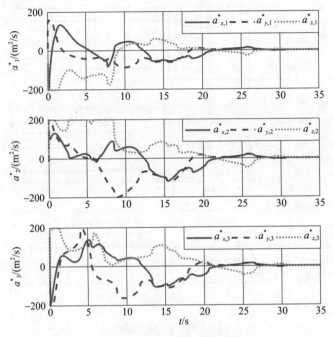

图 6-35　从飞行器加速度响应

由空间运动轨迹曲线可知，虽然从飞行器无法获取目标的位置信息，但通过所设计的协同制导方法，主飞行器和从飞行器都能顺利命中目标，飞行器与目标距离在期望的攻击时间 T_d 降为 0，即所有的飞行器在 T_d 时刻到达目标，攻击时间误差 e_t，视线倾角角速率 $\dot{\varepsilon}_0$ 和视线偏角角速率 $\dot{\eta}_0$ 在 T_f 之前能够稳定收敛，仿真结果与理论分析吻合。一致性协同变量 $\xi_{1,i}$ 和 $\xi_{2,i}$ 能够实现期望的收敛，因此可形成位置协同效果。随着 $\xi_{1,i}$ 的收敛，$\hat{w}_i$ 和法向加速度也逐渐趋于稳态。

6.4　基于分布式观测器的从飞行器目标定位失效协同制导方法

对于从飞行器目标定位失效的协同制导，上节所构建协同制导律中的期望相对位置用到了主飞行器与目标的距离信息，然而部分从飞行器可能无法获得主飞行器与目标的距离信息。本节将基于分布式观测器设计当从飞行器目标定位失效时的主-从协同制导方法，通过分布式观测器为所有的从飞行器提供主飞行器与目标之间的距离信息，进一步设计主-从式多飞行器指定时间同时命中协同制导方法。

6.4.1 从飞行器目标定位失效情况下的模型描述

假设飞行器群各包含 1 枚主飞行器和 n 枚从飞行器。从飞行器之间的通信关系可以用邻接矩阵 $\boldsymbol{A}=[a_{ij}]$ 来表示，如果第 $i(i=1,2,\cdots,n)$ 枚从飞行器能够和第 $j(j=1,2,\cdots,n,j\neq i)$ 枚从飞行器建立通信关系，则 $a_{ij}=1$，否则，$a_{ij}=0$。c_i 表示第 i 枚从飞行器与主飞行器之间的通信关系，如果可接收主飞行器信息，则 $c_i=1$，否则 $c_i=0$。假设网络化通信拓扑中的任意两个飞行器节点总存在至少一条通信路径，即构成连通图。

主飞行器相对目标的运动关系可以表述为：

$$\begin{cases} \dot{r}_0 = -V_0\cos\phi_0 \\ \dot{q}_0 = \dfrac{-V_0\sin\phi_0}{r_0} \\ \dot{\gamma}_0 = \dfrac{a_0}{V_0} \\ \phi_0 = \gamma_0 - q_0 \end{cases} \qquad (6-115)$$

式中：r_0 表示主飞行器与目标之间的距离；V_0、q_0 和 γ_0 表示飞行器速度、视线角和前置角；a_0 为法向加速度。

不同于主飞行器，从飞行器可分别通过法向加速度和切向加速度调整速度的大小和方向，从飞行器相对目标的运动模型可表示为：

$$\begin{cases} \dot{r}_{i,T} = -V_i\cos\phi_{i,T} \\ \dot{q}_{i,T} = \dfrac{-V_i\sin\phi_{i,T}}{r_{i,T}} \\ \dot{V}_i = a_{t,i} \\ \dot{\gamma}_i = \dfrac{a_{n,i}}{V_i} \\ \phi_{i,T} = \gamma_i - q_{i,T} \end{cases} \qquad (6-116)$$

式中：$r_{i,T}$ 为第 i 个从飞行器与目标之间的距离；V_i 和 γ_i 为第 i 个从飞行器速度和前置角；$q_{i,T}$ 为第 i 个从飞行器相对目标的视线角；$a_{t,i}$ 和 $a_{n,i}$ 分别为切向加速度和法向加速度。

鉴于从飞行器不能探测到目标的位置信息，$r_{i,T}$、$q_{i,T}$ 和 $\phi_{i,T}$ 是未知信息，不能应用于从飞行器的制导律设计。

定义：

$$\begin{bmatrix} V_{r,i} \\ V_{\theta,i} \end{bmatrix} = \begin{bmatrix} \cos\phi_0 & -\cos\phi_i \\ \sin\phi_0 & -\sin\phi_i \end{bmatrix} \begin{bmatrix} V_0 \\ V_i \end{bmatrix} \qquad (6-117)$$

和

$$\begin{bmatrix} a_{r,i} \\ a_{\theta,i} \end{bmatrix} = \begin{bmatrix} \cos\phi_i & -\sin\phi_i \\ \sin\phi_i & \cos\phi_i \end{bmatrix} \begin{bmatrix} a_{t,i} \\ a_{n,i} \end{bmatrix} \qquad (6-118)$$

式中:$\phi_i = \gamma_i - q_i$,q_i 为第 i 个从飞行器相对主飞行器的视线角;$V_{r,i}$ 和 $V_{\theta,i}$ 表示第 i 个从飞行器速度沿着和垂直于第 i 从飞行器 – 主飞行器视线方向;$a_{r,i}$ 和 $a_{\theta,i}$ 分别表示第 i 个从飞行器加速度沿着和垂直于第 i 从飞行器 – 主飞行器视线方向的分量。

第 i 个从飞行器相对主飞行器的运动关系可表示为:

$$\begin{cases} \dot{r}_i = V_{r,i} \\ \dot{V}_{r,i} = \dfrac{V_{\theta,i}^2}{r_i} - a_{r,i} + a_{0r,i} + d_{r,i} \\ \dot{q}_i = \dfrac{V_{\theta,i}}{r_i} \\ \dot{V}_{\theta,i} = -\dfrac{V_{\theta,i} V_{r,i}}{r_i} - a_{\theta,i} + a_{0\theta,i} + d_{\theta,i} \end{cases} \qquad (6-119)$$

式中:r_i 为第 i 个从飞行器与目标之间的距离;$a_{0r,i}$ 和 $a_{0\theta,i}$ 分别为主飞行器加速度沿着和垂直于第 i 从飞行器 – 主飞行器视线方向的分量;$d_{r,i}$ 和 $d_{\theta,i}$ 分别表示有界外部干扰沿着和垂直于第 i 从飞行器 – 主飞行器视线方向的分量。

可推理得到:

$$\begin{bmatrix} a_{t,i} \\ a_{n,i} \end{bmatrix} = \begin{bmatrix} \cos\phi_i & \sin\phi_i \\ -\sin\phi_i & \cos\phi_i \end{bmatrix} \begin{bmatrix} a_{r,i} \\ a_{\theta,i} \end{bmatrix} \qquad (6-120)$$

通过式(6-120)可以建立 $a_{t,i}$、$a_{n,i}$ 同 $a_{r,i}$、$a_{\theta,i}$ 之间的联系,为便于分析,在下面将通过 $a_{r,i}$ 和 $a_{\theta,i}$ 设计制导律。

6.4.2 主飞行器攻击时间约束制导律设计

本部分设计制导律使得主飞行器在指定时间命中目标,主飞行器的剩余飞行时间可通过下式预测:

$$\hat{t}_{g,0} = \frac{r_0}{V_0}\left(1 + \frac{\phi_0^2}{2(2N_S - 1)}\right) \qquad (6-121)$$

式中:$N_S > 2$ 表示导航比。

由于一般情况下 ϕ_0 较小,可近似成立 $1 - \phi_0^2/2 = \cos\phi_0$ 和 $\phi_0 = \sin\phi_0$,进一

步可得:

$$\dot{\hat{t}}_{g,0} = -1 + \frac{\phi_0^2}{2} - \frac{\phi_0^2}{2(2N_S-1)} + \frac{r_0\phi_0 a_0}{V_0^2(2N_S-1)} + \frac{\phi_0^2}{2N_S-1} \quad (6-122)$$

式中用到了近似关系 $\phi_0^l = 0, l \geqslant 3$。

定义攻击时间误差为:

$$\xi_0 = \hat{t}_{g,0} + t - T_d \quad (6-123)$$

式中:T_d 为期望的攻击时间指令,由于主飞行器自身速度的限制,其值选择不应小于 $r_0(0)/V_0$,$r_0(0)$ 表示主飞行器到目标的初始距离。

若能保证 ξ_0 在攻击时间指令 T_d 收敛,则可以实现期望的攻击时间。因此,主飞行器制导律设计为:

$$\begin{cases} a_0 = N_S \dot{q}_0 V_0 (1+\nu) \\ \nu = k_1 (\delta^{\mu_2-\mu_1} |\xi_0|^{\mu_1} \mathrm{sign}(\xi_0)\tau + |\xi_0|^{\mu_2} \mathrm{sign}(\xi_0)(1-\tau)) \\ \tau = -(\mathrm{sign}(\xi_0+\delta) - \mathrm{sign}(\xi_0-\delta))/2 \end{cases} \quad (6-124)$$

式中:$0 < \mu_1 < 1; \mu_2 > 1; \delta > 0$ 为连续切换边界;τ 为切换因子,如果 $|\xi_0| > \delta$,$\tau = 0$,否则 $\tau = 1$;k_1 为正实数。

将式(6-124)代入式(6-122)可得:

$$\begin{aligned}\dot{\hat{t}}_{g,0} &= -1 + \frac{\phi_0^2}{2} - \frac{\phi_0^2}{2(2N_S-1)} - \frac{\phi_0^2(N_S(1+\nu)-1)}{2N_S-1} \\ &= -1 - \frac{N_S \phi_0^2 \nu}{2N_S-1} \end{aligned} \quad (6-125)$$

ξ_0 的动态满足:

$$\begin{aligned}\dot{\xi}_0 &= \dot{\hat{t}}_{g,0} + 1 \\ &= \frac{-N_S \phi_0^2 k_1 (\delta^{\mu_2-\mu_1}|\xi_0|^{\mu_1}\mathrm{sign}(\xi_0)\tau + |\xi_0|^{\mu_2}\mathrm{sign}(\xi_0)(1-\tau))}{2N_S-1}\end{aligned}$$

$$(6-126)$$

选择 Lyapunov 函数为 $W_1 = |\xi_0|$,其一阶时间导数可表示为:

$$\begin{aligned}\dot{W}_1 &= \xi_0 \mathrm{sign}(\xi_0) \\ &= -\frac{N_S \phi_0^2 k_1 (\delta^{\mu_2-\mu_1}|\xi_0|^{\mu_1}\tau + |\xi_0|^{\mu_2}(1-\tau))}{2N_S-1}\end{aligned} \quad (6-127)$$

假设存在一个下界 $\underline{\phi}$ 使得 $\phi_0 \geqslant \underline{\phi}$,可得:

$$\dot{W}_1 = -\frac{N_S \underline{\phi}^2 k_1 (\delta^{\mu_2-\mu_1}|\xi_0|^{\mu_1}\tau + |\xi_0|^{\mu_2}(1-\tau))}{2N_S-1} \quad (6-128)$$

重新整理式(6-128)可得:

$$\dot{W}_1 \leq -\kappa(\delta^{\mu_2-\mu_1}W_1^{\mu_1}\tau + W_1^{\mu_2}(1-\tau)) \qquad (6-129)$$

式中:$\kappa = N_s\phi^2 k_1/(2N_s-1)$。

由结果可知,W_1是固定时间收敛的,收敛时间满足:

$$T_1 \leq \frac{\delta^{1-\mu_2}}{\kappa}\left(\frac{1}{1-\mu_1} + \frac{1}{\mu_2-1}\right) \qquad (6-130)$$

收敛时间T_1应小于期望的攻击时间T_d,可通过调节式(6-130)中的κ_1、μ_1、μ_2和δ满足此条件。一旦ξ_0收敛至0,则有$\hat{t}_{g,0} = T_d - t$。随着$t \to T_d$,剩余飞行时间$\hat{t}_{g,0} = 0$并且$r_0 = 0$。故主飞行器能够在T_d时刻命中目标。

6.4.3 从飞行器分布式观测器设计

首先,设计分布式观测器使得每个从飞行器能够准确估计到主飞行器与目标的距离信息,采用$\hat{r}_0^i$表示第i个从飞行器对主飞行器与目标距离r_0的估计值,定义为:

$$e_{r,i} = \sum_{j=1}^{n} a_{ij}(\hat{r}_0^j - \hat{r}_0^i) + m_i(r_0 - \hat{r}_0^i) \qquad (6-131)$$

实际观测误差为$\tilde{r}_0^i = \hat{r}_0^i - r_0$,定义:

$$\begin{cases} \tilde{\boldsymbol{r}}_0 = [\hat{r}_0^1, \hat{r}_0^2, \cdots, \hat{r}_0^n]^T \\ \boldsymbol{e}_r = [e_{r,1}, e_{r,2}, \cdots, e_{r,n}]^T \\ \boldsymbol{M} = \text{diag}(m_1, m_2, \cdots, m_n) \end{cases} \qquad (6-132)$$

推理可知$\boldsymbol{e}_r = -(\boldsymbol{L}+\boldsymbol{M})\tilde{\boldsymbol{r}}_0$,鉴于矩阵$\boldsymbol{L}+\boldsymbol{M}$是正定的,若能保证$\boldsymbol{e}_r$收敛,则可以保证$\tilde{\boldsymbol{r}}_0 = \boldsymbol{0}_n$。

设计可固定时间收敛的分布式观测器为:

$$\dot{\hat{r}}_0^i = c_1 |e_{r,i}|^{\alpha_1}\text{sign}(e_{r,i}) + c_2 |e_{r,i}|^{\beta_1}\text{sign}(e_{r,i}) \qquad (6-133)$$

式中:$0 < \alpha_1 < 1; \beta_1 > 1; c_1 > 1/(1+\alpha_1); c_2 > 0$。

考虑式(6-115)和式(6-133),$\tilde{r}_0^i$的动态可以表示为:

$$\dot{\tilde{r}}_0^i = c_1 |e_{r,i}|^{\alpha_1}\text{sign}(e_{r,i}) + c_2 |e_{r,i}|^{\beta_1}\text{sign}(e_{r,i}) + V_0\cos\phi_0 \qquad (6-134)$$

鉴于$e_{r,i} = \sum_{j=1}^{n} a_{ij}(\tilde{r}_0^j - \tilde{r}_0^i) - m_i\tilde{r}_0^i$,进一步可得:

$$\dot{\tilde{r}}_0^i = c_1 |\boldsymbol{H}\tilde{\boldsymbol{r}}|^{\alpha_1}\text{sign}(\boldsymbol{H}\tilde{\boldsymbol{r}}) + c_2 |\boldsymbol{H}\tilde{\boldsymbol{r}}|^{\beta_1}\text{sign}(\boldsymbol{H}\tilde{\boldsymbol{r}}) + V_0\cos\phi_0 \boldsymbol{1}_n \qquad (6-135)$$

式中:$\boldsymbol{H} = \boldsymbol{L}+\boldsymbol{M}$。

选择 Lyapunov 函数 $W_2 = \tilde{\boldsymbol{r}}_0^T \boldsymbol{H}\tilde{\boldsymbol{r}}_0/2$,$W_2$的一阶时间导数满足:

$$\begin{aligned}\dot{W}_2 &= \tilde{\boldsymbol{r}}_0^T \boldsymbol{H}\dot{\tilde{\boldsymbol{r}}}_0 \\ &= \tilde{\boldsymbol{r}}_0^T \boldsymbol{H}(-c_1 |\boldsymbol{H}\tilde{\boldsymbol{r}}_0|^{\alpha_1}\text{sign}(\boldsymbol{H}\tilde{\boldsymbol{r}}) - c_2 |\boldsymbol{H}\tilde{\boldsymbol{r}}|^{\beta_1}\text{sign}(\boldsymbol{H}\tilde{\boldsymbol{r}})) + \tilde{\boldsymbol{r}}_0^T \boldsymbol{H}(V_0 cos\phi_0 \mathbf{1}_n) \\ &\leq -c_1 \|\boldsymbol{H}\tilde{\boldsymbol{r}}_0\|_{1+\alpha_1}^{1+\alpha_1} - c_2 \|\boldsymbol{H}\tilde{\boldsymbol{r}}_0\|_{1+\beta_1}^{1+\beta_1} + V_0 \|\boldsymbol{H}\tilde{\boldsymbol{r}}_0\|_1 \\ &\leq -c_1 \|\boldsymbol{H}\tilde{\boldsymbol{r}}_0\|_2^{1+\alpha_1} - c_2 n^{\frac{1-\beta_1}{2}} \|\boldsymbol{H}\tilde{\boldsymbol{r}}_0\|_2^{1+\beta_1} + V_0 \|\boldsymbol{H}\tilde{\boldsymbol{r}}_0\|_2 \end{aligned}$$

(6 – 136)

由于 $V_0 \|\boldsymbol{H}\tilde{\boldsymbol{r}}_0\|_2 \leq \|\boldsymbol{H}\tilde{\boldsymbol{r}}_0\|_2^{1+\alpha_1}/(1+\alpha_1) + V_0^\zeta/\zeta$,$\zeta$ 为常数且满足 $1/(1+\alpha_1) + 1/\zeta = 1$,式(6 – 136)可进一步表示为:

$$\dot{W}_2 \leq -\left(c_1 - \frac{1}{1+\alpha_1}\right) \|\boldsymbol{H}\tilde{\boldsymbol{r}}_0\|_2^{1+\alpha_1} - c_2 n^{\frac{1-\beta_1}{2}} \|\boldsymbol{H}\tilde{\boldsymbol{r}}_0\|_2^{1+\beta_1} + V_0^\zeta/\zeta \quad (6-137)$$

定义 $\boldsymbol{H}$ 的最小非零特征值为 $\lambda_{\min}^H$,则 $\|\boldsymbol{H}\tilde{\boldsymbol{r}}_0\|_2 \leq \sqrt{2\lambda_{\min}^H W_2}$,进一步可得:

$$\dot{W}_2 \leq -\varepsilon_1 W_2^{\frac{1+\alpha_1}{2}} - \varepsilon_2 W_2^{\frac{1+\beta_1}{2}} + \frac{V_0^\zeta}{\zeta} \quad (6-138)$$

式中:$\varepsilon_1 = (c_1 - 1/(1+\alpha_1))(2\lambda_{\min}^H)^{(1+\alpha_1)/2}$;$\varepsilon_2 = c_2 n^{(1-\beta_1)/2}(2\lambda_{\min}^H)^{(1+\beta_1)/2}$。

由结果可知,W_3 是固定时间收敛的,$\tilde{\boldsymbol{r}}_0$ 将在固定时间 T_2 内收敛到 $\Omega_1 = \{\tilde{r}_0^i: |\tilde{r}_0^i| \leq \omega_1\}$,其中 ω_1 表示上界。

6.4.4 考虑碰撞自规避的从飞行器协同制导律设计

定义:

$$\begin{cases} \xi_{i,1} = r_i - p_i \hat{r}_0^i \\ \xi_{i,2} = V_{r,i} - v_i \\ s_i = l_i(\theta_i - \theta_{f,i}) + \dot{\theta}_i - \dot{\theta}_{f,i} \end{cases} \quad (6-139)$$

式中:v_i 为虚拟控制项;$0 < p_i < 1$;l_i 为正实数;$\theta_{f,i}$ 为期望的第 i 个从飞行器到主飞行器的视线角。

$\xi_{i,1}$ 的收敛意味着 r_i 比例一致于 $\hat{r}_0^i$,由于在 T_d 时刻,$r_i = p_i \hat{r}_0^i \approx 0$ 成立,因而从飞行器的攻击时间相近于主飞行器,如果 $\xi_{i,1}$、$\xi_{i,2}$ 和 s_i 收敛,飞行器群能够形成如图 6 – 36 所示的构型,并实现对目标的同时命中。

$\xi_{i,1}$、$\xi_{i,2}$ 和 s_i 的动态可表示为:

$$\begin{cases} \dot{\xi}_{i,1} = \xi_{i,2} + v_i - p_i \dot{\hat{r}}_0^i \\ \dot{\xi}_{i,2} = \dfrac{V_{\theta,i}^2}{r_i} - a_{r,i}^* + a_{0r,i} \end{cases} \quad (6-140)$$

和

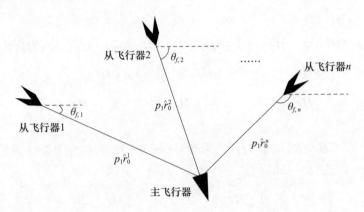

图 6-36 考虑碰撞自规避的主飞行器和从飞行器之间的几何关系

$$\dot{s}_i = l_i\left(\frac{V_{\theta,i}}{r_i} - \dot{\hat{\theta}}_{f,i}\right) - \frac{2V_{\theta,i}V_{r,i}}{r_i^2} - \frac{a_{\theta,i}}{r_i} + \frac{a_{0\theta,i} + d_{\theta,i}}{r_i} - \ddot{\hat{\theta}}_{f,i} \qquad (6-141)$$

式中：$a_{r,i}^* = a_{r,i} + \dot{v}_i$。

为制导律设计需要，引入时变函数：

$$\psi(t) = \begin{cases} \dfrac{T_\theta^3}{(T_\theta - t)^3}, & t \in [0, T_\theta) \\ 1, & t \in [T_f, \infty) \end{cases} \qquad (6-142)$$

式中：$T_\theta > 0$。

为了使得 $\xi_{i,1}$、$\xi_{i,2}$ 和 s_i 收敛，设计协同制导律为：

$$\begin{cases} v_i = -k_{i,1}\xi_{i,1} - k_{i,2}|\xi_{i,1}|^{b_1}\mathrm{sign}(\xi_{i,1}) + p_i\dot{\hat{r}}_0^i \\ a_{r,i}^* = \dfrac{V_{\theta,i}^2}{r_i} + k_{i,3}\xi_{i,2} + k_{i,4}|\xi_{i,2}|^{b_2}\mathrm{sign}(\xi_{i,2}) \\ a_{\theta,i} = l_i V_{\theta,i} - \dfrac{2V_{\theta,i}V_{r,i}}{r_i} - r_i\ddot{\hat{\theta}}_{f,i} + k_{i,5}r_i s_i + 2r_i(\dot{\psi}/\psi)s_i \end{cases} \qquad (6-143)$$

式中：$0 < b_1; b_2 < 1; 0 < k_{i,1}, k_{i,2}, k_{i,3}, k_{i,4}, k_{i,5}$。

将式(6-143)中的 $a_{r,i}^*$ 代入式(6-140)中的 $\dot{\xi}_{i,2}$，可得：

$$\dot{\xi}_{i,2} = -k_{i,3}\xi_{i,2} - k_{i,4}|\xi_{i,2}|^{b_2}\mathrm{sign}(\xi_{i,2}) + a_{0r,i} + d_{r,i} \qquad (6-144)$$

选取 Lyapunov 函数为 $W_3 = |\xi_{i,2}|$，其对时间的一阶导数为：

$$\begin{aligned} \dot{W}_3 &= \dot{\xi}_{i,2}\mathrm{sign}(\xi_{i,2}) \\ &= -k_{i,3}|\xi_{i,2}| - k_{i,4}|\xi_{i,2}|^{b_2} + (a_{0r,i} + d_{r,i})\mathrm{sign}(\xi_{i,2}) \\ &\leq -k_{i,3}W_3 - k_{i,4}W_3^{b_2} + |a_{0r,i} + d_{r,i}| \end{aligned} \qquad (6-145)$$

第 6 章 不同约束条件下的多飞行器协同制导方法

显然,$a_{0r,i}$ 和 $d_{r,i}$ 是有界的,因此 $|a_{0r,i}+d_{r,i}|$ 也是有界的,由引理 4 可知,$\xi_{i,2}$ 最终会收敛到一个紧集 $\Omega_2 = \{\xi_{i,2}: |\xi_{i,2}| \leq \omega_2\}$ 内,其中 ω_2 是 $\xi_{i,2}$ 的上界。

将 v_i 带入至 $\dot{\xi}_{i,1}$ 中,可以得到:

$$\dot{\xi}_{i,1} = -k_{i,1}\xi_{i,1} - k_{i,2}|\xi_{i,1}|^{b_1}\mathrm{sign}(\xi_{i,1}) + \xi_{i,2} \tag{6-146}$$

可以看出,式(6-144)和式(6-146)具有相似的形式。因此,可以得知 $\dot{\xi}_{i,1}$ 也可在有限时间收敛到一个紧集内,证明过程可参考式(6-145),在此省略。此结果表明,$r_i = p_i \hat{r}_o$ 可以近似成立。

为了证明 s_i 的收敛性,将 $a_{\theta,i}$ 带入式(6-141)并整理,可得:

$$\dot{s}_i = -k_{i,5}s_i - 2(\dot{\psi}/\psi)s_i + \vartheta \tag{6-147}$$

式中:$\vartheta = (a_{0\theta,i} + d_{\theta,i})/r_i$。考虑现实情况下飞行器和目标外形的影响,在飞行器命中目标时 $r_i \neq 0$,因此,ϑ 有上界且满足 $\vartheta \leq \bar{\vartheta}$。

接下来,可以证明在固定时间 $T_2 \leq T_\theta$ 内 s_i 可以收敛到一个紧集 $\Omega_3 = \{s_i: |s_i| \leq \bar{s}_i = \bar{\vartheta}/(hk_{i,5})\}$ 内,其中 $0 < h < 1$。

选取 Lyapunov 函数 $W_4 = |s_i|$,则其对时间的一阶导数可以表示为:

$$\dot{W}_4 \leq -k_{i,5}W_4 - 2(\dot{\psi}/\psi)W_4 + \bar{\vartheta} \tag{6-148}$$

对任意 $s_i \notin \Omega_3$,都有 $\bar{\vartheta} \leq hk_{i,5}W_4$,则式(6-148)可以被重新表述为:

$$\dot{W}_4 \leq -k_{i,5}(1-h)W_4 - 2(\dot{\psi}/\psi)W_4 \tag{6-149}$$

进一步可得:

$$\frac{\mathrm{d}(\psi^2 W_4)}{\mathrm{d}t} \leq -k_{i,5}(1-h)(\psi^2 W_4) \tag{6-150}$$

对等式两边积分可得:

$$\begin{cases} \psi^2 W_4 \leq \exp(-k_{i,5}(1-h)t)W_4(0) \\ W_4 \leq \psi^{-2}\exp(-k_{i,5}(1-h)t)W_4(0) \end{cases} \tag{6-151}$$

式中:$W_4(0)$ 是 W_4 的初始值。

因为 $\lim\limits_{t \to T_\theta}\psi^{-2} = 0$,所以 $\lim\limits_{t \to T_\theta}W_4 = 0$。对于 $t \in [T_\theta, \infty)$,有 $\dot{\psi} = 0$ 和 $\dot{W}_4 \leq -k_{i,5}W_4 + \bar{\vartheta}$。故 s_i 可以在固定时间内收敛到一个紧集内,从而保证从飞行器可以和主飞行器之间构成期望的视线角。

为避免飞行器之间的碰撞,本节所设计的从飞行器的制导律可以同时实现基于角度和基于距离的策略来避免冲突。

(1)基于角度的方法是通过设置不同的 $\theta_{f,i}$ 实现的。即 $\theta_{f,i} \neq \theta_{f,j}, i,j = 1,2,\cdots,n$ 且 $i \neq j$。所提出的制导律可以保证 $\theta_i = \theta_{f,i}$,因此能够避免在不同的飞行方向下碰撞。

(2)在 θ_i 收敛到 $\theta_{f,i}$ 之前，飞行器之间仍有可能发生碰撞。鉴于 r_i 与 r_0 具有成比例的一致性，可以通过选择不同的比例 p_i，也可以通过基于距离的方法来避免碰撞。

6.4.5 从飞行器目标定位失效协同制导方法仿真验证

仿真结果验证了该策略的有效性。雇佣 1 名领导者和 3 名追随者在指定的撞击时间 $T_d = 65\text{s}$ 击中一个静止目标。飞行器之间的通信链路如图 6-37 所示。参数设置为 $k_1 = 1.5, k_{i,1} = 0.5, k_{i,2} = 0.01, k_{i,3} = 10, k_{i,4} = 0.01, N_s = 4, \mu_1 = \alpha = b_1 = b_2 = 0.5, \mu_2 = \beta = 1.5, \delta = 0.3, c_1 = 10, c_2 = 1, l_i = 0.1, k_{i,5} = 2, p_1 = 0.3, p_2 = 0.6, p_3 = 0.8, T_\theta = 50\text{s}, \theta_{f,1} = \pi/3 \text{ rad}, \theta_{f,2} = \pi/4 \text{ rad}, \theta_{f,3} = \pi/6 \text{ rad}, \hat{r}_0^1(0) = 7000\text{m}, \hat{r}_0^2(0) = 8000\text{m}, \hat{r}_0^3(0) = 9000\text{m}, d_{r,i} = 0.2i\sin(2t + i\pi/6), d_{\theta,i} = 0.8i\sin(3t + i\pi/5)$。加速度的上界为 $\bar{a}_0 = \bar{a}_{n,i} = 200 (\text{m/s}^2), \bar{a}_{t,i} = 50 (\text{m/s}^2)$。目标的位置为 $(9000\text{m}, 12000\text{m})$。飞行器的初始位置和速度见表 6-5。仿真结果如图 6-38 ~ 图 6-50 所示。

图 6-37 飞行器之间的通信链路

表 6-5 主飞行器和从飞行器的初始位置和速度

飞行器	初始位置/(m,m,m)	速度/(m/s)
主飞行器	(1000,5000)	200
从飞行器 1	(2000,4000)	300
从飞行器 2	(3000,3000)	300
从飞行器 3	(4000,2000)	300

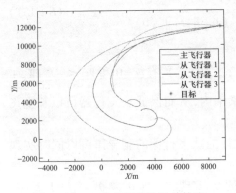

图 6-38 二维空间下的运动轨迹

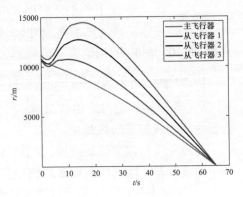

图 6-39 二维空间下的弹目距离

第 6 章 不同约束条件下的多飞行器协同制导方法

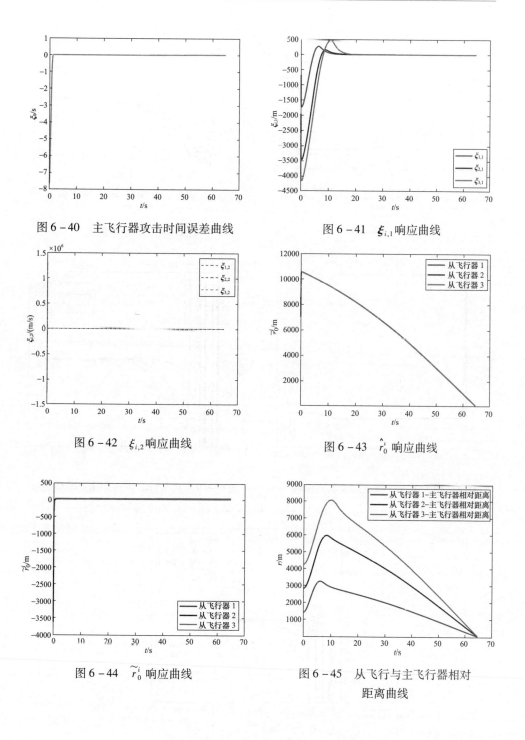

图 6-40 主飞行器攻击时间误差曲线

图 6-41 $\xi_{i,1}$ 响应曲线

图 6-42 $\xi_{i,2}$ 响应曲线

图 6-43 $\hat{r}_0^i$ 响应曲线

图 6-44 $\tilde{r}_0^i$ 响应曲线

图 6-45 从飞行与主飞行器相对距离曲线

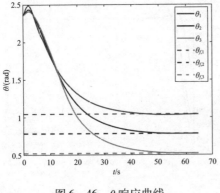

图 6-46 θ 响应曲线

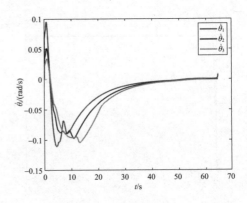

图 6-47 $\dot{\theta}$ 响应曲线

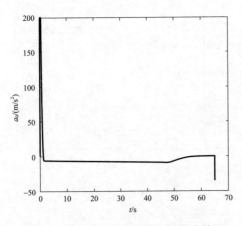

图 6-48 主飞行器加速度响应曲线

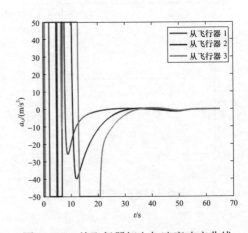

图 6-49 从飞行器切向加速度响应曲线

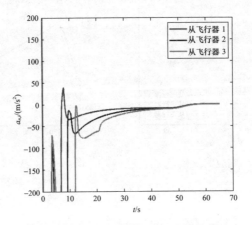

图 6-50 从飞行器法向加速度响应曲线

从图 6-37 和图 6-38 可以看出,所有飞行器都能在指定的攻击时间 T_d = 65s 击中目标。图 6-39 中的主飞行器攻击时间误差 ξ_0 迅速收敛。图 6-42 和图 6-43 中的分布观测器的输出和估计误差的响应表明所提出的分布式观测器能够迅速准确地估计 r_0。除了撞击瞬间外,图 6-44 中每架从飞行器到主飞行器的距离在整个飞行过程中也是不同的。从飞行器的视线角 θ_i 也收敛到了其相对应的 $\theta_{f,i}$,从而避免了碰撞。图 6-46 中 $\dot{\theta}$ 的曲线最终收敛到 0,与理论分析一致。综上所述,所设计的制导律能够保证从飞行器目标定位失效时仍能与主飞行器一起协同命中目标。

6.5 多飞行器分时打击协同制导方法

6.5.1 多飞行器分时打击协同制导律设计

视线坐标系下第 i 个飞行器与目标的相对运动关系可以用式(5-20)来表示,第 i 枚飞行器的剩余命中时间 $\hat{t}_{g,i}$ 可采用式(5-21)预测,各飞行器之间的分时打击协同误差变量定义为:

$$\xi_i = \sum_{j=1}^{n} a_{ij}((\hat{t}_{g,i} - \tau_i) - (\hat{t}_{g,j} - \tau_j)) \quad (6-152)$$

式中:a_{ij} 为通信拓扑图邻接矩阵第 i 行第 j 列所对应的元,若第 i 枚飞行器能够接收第 j 个飞行器的信息,$a_{ij} = 1$,否则 $a_{ij} = 0$;τ_i 为第 i 枚飞行器的攻击时间间隔,若 $\tau_i > \tau_j$,式(6-152)可使第 i 枚飞行器在第 j 枚飞行器命中目标之后命中目标,且第 i 枚飞行器和第 j 枚飞行器命中目标的时间间隔为 $\tau_i - \tau_j$。

为制导律设计需要,引入时变函数:

$$\psi(t) = \begin{cases} \dfrac{T_f^m}{(T_f - t)}, & t \in [0, T_f) \\ 1, & t \in [T_f, \infty) \end{cases} \quad (6-153)$$

式中:$m \geq 2$ 为正实数;$T_f > 0$。

Ψ 的一阶时间导数满足:

$$\dot{\psi}(t) = \begin{cases} \dfrac{m}{T_f} \psi^{1+\frac{1}{m}}, & t \in [0, T_f) \\ 0, & t \in [T_f, \infty) \end{cases} \quad (6-154)$$

多飞行器协同分时打击制导律设计为：

$$\begin{cases} a_{R,i}^L = R_i\dot{\varepsilon}_i^2 + R_i\dot{\eta}_i^2\cos^2\varepsilon_i + (k_1\,|\xi_i|^{\alpha_1}\mathrm{sgn}(\xi_i) + k_2\,|\xi_i|^{\beta_1}\mathrm{sgn}(\xi_i))\dot{R}_i^2/R_i \\ a_{\varepsilon,i}^L = -2\dot{R}_i\dot{\varepsilon}_i - R_i\dot{\eta}_i^2\sin\varepsilon_i\cos\varepsilon_i + \left(k_3 + \dfrac{\dot{\psi}}{\psi}\right)R_i\dot{\varepsilon}_i \\ a_{\eta,i}^L = -2\dot{R}_i\dot{\eta}_i\cos\varepsilon_i + 2R_i\dot{\varepsilon}_i\dot{\eta}_i\sin\varepsilon_i + \left(k_4 + \dfrac{\dot{\psi}}{\psi}\right)R_i\dot{\eta}_i\cos\varepsilon_i \end{cases}$$

(6-155)

式中：$k_1,k_2>0;0<\alpha_1<1;\beta_1>1;k_3$ 和 k_4 是正实数。

可以分析得知，若 $\dot{\varepsilon}_i$ 和 $\dot{\eta}_i$ 迅速收敛，则可以实现对目标的有效命中；若 ξ_i 在第一枚飞行器命中目标前收敛，则协同制导系统中的各飞行器可以以设定的时间间隔依次命中目标，从而实现多飞行器对目标的协同分时打击。

6.5.2 多飞行器分时打击协同制导律仿真验证

为验证所设计攻击时间控制方法的有效性，以空中飞行器打击地面固定目标为背景，选择 5 枚处于不同位置，并且速度不同的飞行器，具体位置和速度设置见表 6-6，考虑到飞行器过载约束，加速度限幅在 $\pm 100\mathrm{m/s}^2$，目标初始位置为 $(0\mathrm{m},0\mathrm{m},0\mathrm{m})$。参数设置为：$k_1=10,k_2=5,\alpha_1=0.8,\beta_1=2,k_3=20,k_4=20,T_f=20,m=3,\tau_1=16,\tau_2=12,\tau_3=8,\tau_4=4,\tau_5=0$。飞行器间的通信拓扑如图 6-51 所示，其中，1~5 分别表示第 1~5 枚飞行器，两枚飞行器之间若用箭头连接，则表示这两枚飞行器之间可以相互进行通信，传递交流协同分时打击误差。多飞行器分时打击协同制导仿真结果见图 6-52~图 6-59 所示。

表 6-6 飞行器和目标的初始参数设置表

飞行器	初始位置/m	初始速度/(m/s)	初始航迹倾角/(°)	初始航迹偏角/(°)
飞行器 1	(4048,8500,7565)	330	-10	10
飞行器 2	(5960,6191,9596)	350	-10	0
飞行器 3	(6561,5000,4080)	310	-10	0
飞行器 4	(8116,7382,5910)	310	-10	0
飞行器 5	(4116,7382,7910)	310	0	0

第 6 章 不同约束条件下的多飞行器协同制导方法

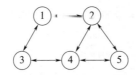

图 6-51 飞行器间的通信拓扑

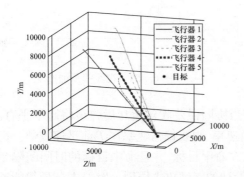

图 6-52 三维空间下协同分时打击运动轨迹

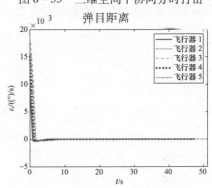

图 6-53 三维空间下协同分时打击弹目距离

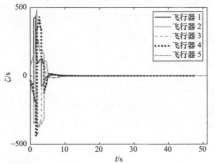

图 6-54 协同分时打击的协同误差

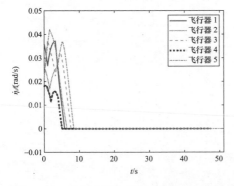

图 6-56 协同分时打击的视线偏角速率

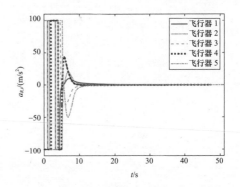

图 6-57 视线切向加速度

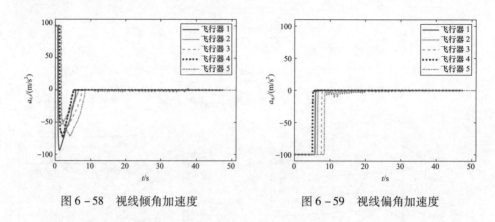

图 6-58　视线倾角加速度　　　　图 6-59　视线偏角加速度

由图 6-52~图 6-54 可以看出,当协同误差收敛至 0 后弹道将趋于平直。由图 6-55 和图 6-56 可知,视线倾角速率、视线偏角速率在 T_f 前迅速收敛。由图 6-53 可以看出,5 枚飞行器能够依次命中目标,并且命中目标的时间间隔是 4s,达到期望控制效果。综上所述,所设计的三维攻击协同分时打击制导律能够使多飞行器以期望的时间间隔依次命中目标。

参考文献

[1] Kumar S R, Rao S, Ghose D. Sliding – Mode Guidance and Control for All – aspect Interceptors with Terminal Angle Constraints [J]. Journal of Guidance Control and Dynamics, 2012, 35(4): 1230 – 1246.

[2] Kumar S R, Rao S, Ghose D. Nonsingular Terminal Sliding Mode Guidance with Impact Angle Constraints [J]. Journal of Guidance Control and Dynamics, 2014, 37(4): 1114 – 1130.

[3] Xiong S F, Wang W H, Liu X D, et al. Guidance Law against Maneuvering Targets with Intercept Angle Constraint [J]. ISA Transactions, 2014, 53(4): 1332 – 1342.

[4] Sun L H, Wang W H, Yi R, et al. A Novel Guidance Law Using Fast Terminal Sliding Mode Control with Impact Angle Constraints [J]. ISA Transactions, 2016, 64: 12 – 23.

[5] Kim M, Kim Y. Lyapunov – based Pursuit Guidance Law with Impact Angle Constraint [C]. IFAC Proceedings Volumes, 2014.

[6] Wang Z. Adaptive Smooth Second – order Sliding Mode Control Method with Application to Missile Guidance [J]. Transactions of The Institute of Measurement and Control, 2017, 39(6): 848 – 860.

[7] Zhang Y X, Sun M W, Chen Z Q. Finite – Time Convergent Guidance Law with Impact Angle Constraint Based on Sliding – Mode Control [J]. Nonlinear Dynamics, 2012, 70(1): 619 – 625.

[8] Golestani M, Mohammadzaman I, Vali A R. Finite – Time Convergent Guidance Law Based on Integral Backstepping Control [J]. Aerospace Science and Technology, 2014, 39: 370 – 376.

[9] Chen Y Y. Robust Terminal Guidance Law Design for Missiles against Maneuvering Targets [J]. Aerospace Science and Technology, 2016, 54: 198 – 207.

[10] Chong Y, Zhang K. Application of Super Twisting Guidance Law Based on Extended State Observer [J]. Applied Mechanics and Materials, 2013, 433 – 435: 1009 – 1014.

[11] Gao C S, Jiang C W, Zhang Y, et al. Three – dimensional Integrated Guidance and Control for Near Space Interceptor Based on Robust Adaptive Backstepping Approach [J]. International Journal of Aerospace Engineering, 2016, 2016:1 – 11.

[12] Lee S, Ann S, Cho N, et al. Capturability of Guidance Laws for Interception of Nonmaneuvering Target with Field – of – View Limit [J]. Journal of Guidance Control and Dynamics, 2019, 42(4):869 – 884.

[13] Liu B J, Hou M S, Feng D. Nonlinear Mapping Based Impact Angle Control Guidance with Seeker's Field – of – View Constraint [J]. Aerospace Science and Technology, 2019, 86:724 – 736.

[14] Chen X T, Wang J Z. Nonsingular Sliding – mode Control for Field – of – View Constrained Impact Time Guidance [J]. Journal of Guidance Control and Dynamics, 2018, 41(5):1214 – 1222.

[15] Kim H G, Kim H J. Backstepping – based Impact Time Control Guidance Law for Missiles with Reduced Seeker Field – of – View [J]. IEEE Transactions on Aerospace and Electronic Systems, 2019, 55(1):82 – 94.

[16] Liu B J, Hou M S, Li Y J. Field – of – View and Impact Angle Constrained Guidance Law for Missiles with Time – varying Velocities [J]. IEEE Access, 2019, 7:61717 – 61727.

[17] Geng S T, Zhang J, Sun J G. Adaptive Back – stepping Sliding Mode Guidance Laws with Autopilot Dynamics and Acceleration Saturation Consideration [J]. Proceedings of the Institution of Mechanical Engineers, Part G: Journal of Aerospace Engineering, 2019, 233(13):4853 – 4863.

[18] Ai X L, Shen Y C, Wang L L. Adaptive Integrated Guidance and Control for Impact Angle Constrained Interception with Actuator Saturation [J]. Aeronautical Journal, 2019, 123(1267):1437 – 1453.

[19] Sun J L, Liu C S. Distributed Fuzzy Adaptive Backstepping Optimal Control for Nonlinear Multimissile Guidance Systems with Input Saturation [J]. IEEE Transactions on Fuzzy Systems, 2019, 27(3):447 – 461.

[20] Si Y J, Song S M. Adaptive Reaching Law Based Three – dimensional Finite – time Guidance Law Against Maneuvering Targets with Input Saturation [J]. Aerospace Science and Technology, 2017, 70:198 – 210.

[21] Li G Y, Yu Z G, Wang Z X. Three – dimensional Adaptive Sliding Mode Guidance Law for Missile with Autopilot Lag and Actuator Fault [J]. International Journal of Control Automation and Systems, 2019, 17(6):1369 – 1377.

[22] Wang W H, Xiong S F, Wang S, et al. Three Dimensional Impact Angle Constrained Integrated Guidance and Control for Missiles with Input Saturation and Actuator Failure [J]. Aerospace Science and Technology, 2016, 53:169 – 187.

[23] Liao F, Ji H B. Guidance Laws with Input Constraints and Actuator Failures [J]. Asian Journal of Control, 2016, 18(3):1165 – 1172.

[24] He S M, Wang W, Wang J. Discrete – Time Super – Twisting Guidance Law with Actuator Faults Consideration [J]. Asian Journal of Control, 2017, 19(5): 1854 – 1861.

[25] Liu W K, Wei Y Y, Hou M Z, et al. Integrated Guidance and Control with Partial State Constraints and Actuator Faults [J]. Journal of The Franklin Institute – Engineering and Applied Mathematics, 2019, 356(9):4785 – 4810.

[26] Jeon I S, Lee J I, Tahk M J. Impact – time – control Guidance Law for Anti – ship Missiles [J]. IEEE Transactions on Control Systems Technology, 2006, 14(2):260 – 266.

[27] Lee J I, Jeon I S, Tahk M J. Guidance Law to Control Impact Time and Angle [J]. IEEE Transactions on Aerospace and Electronic Systems, 2007, 43(1):301 – 310.

[28] Harl N, Balakrishnan S N. Impact Time and Angle Guidance with Sliding Mode Control [J]. IEEE Transactions on Control Systems Technology, 2012, 20(6): 1436 – 1449.

[29] Harrison G A. Hybrid Guidance Law for Approach Angle and Time – of – Arrival Control [J]. Journal of Guidance Control and Dynamics, 2012, 35(4): 1104 – 1114.

[30] Kim T H, Lee C H, Jeon I S, et al. Augmented Polynomial Guidance with Impact Time and Angle Constraints [J]. IEEE Transactions on Aerospace and Electronic Systems, 2013, 49(4):2806 – 2817.

[31] Kumar S R, Ghose D. Sliding Mode Control Based Guidance Law with Impact Time Constraints [C]. American Control Conference(Acc)2013:5760 – 5765.

[32] Zhang Y A, Wang X L, Wu H L. Impact Time Control Guidance Law with Field of View Constraint [J]. Aerospace Science and Technology, 2014, 39:361 – 369.

[33] Kim M, Jung B, Han B, et al. Lyapunov – Based Impact Time Control Guidance Laws against Stationary Targets [J]. IEEE Transactions on Aerospace and Electronic Systems, 2015, 51(2):1111 – 1122.

[34] Cho D, Kim H J, Tahk M J. Nonsingular Sliding Mode Guidance for Impact Time Control [J]. Journal of Guidance Control and Dynamics, 2016, 39(1):1 – 8.

[35] Zhou J L, Yang J Y. Guidance Law Design for Impact Time Attack against Mov-

ing Targets [J]. IEEE Transactions on Aerospace and Electronic Systems, 2018,54(5):2580 - 2589.

[36] Hu Q L,Han T,Xin M. Sliding - Mode Impact Time Guidance Law Design for Various Target Motions [J]. Journal of Guidance Control and Dynamics,2019, 42(1):136 - 148.

[37] Zhao S Y,Zhou R,Wei C,et al. Design of Time - Constrained Guidance Laws via Virtual Leader Approach [J]. Chinese Journal of Aeronautics, 2010, 23 (1):103 - 108.

[38] Chen X T,Wang J Z. Sliding - Mode Guidance for Simultaneous Control of Impact Time and Angle [J]. Journal of Guidance Control and Dynamics,2019,42 (2):394 - 401.

[39] Zhao S Y,Zhou R,Chen W. Design and Feasibility Analysis of A Closed - Form Guidance Law with Both Impact Angle and Time Constraints [J]. Journal of Astronautics,2009,30(3):1064 - 1056.

[40] Gutman S. Impact - Time Vector Guidance[J]. Journal of Guidance Control and Dynamics,2017,40(8):2110 - 2114.

[41] Cheng Z T,Wang B,Liu L,et al. A Composite Impact - time - control Guidance Law and Simultaneous Arrival [J]. Aerospace Science and Technology,2018, 80:403 - 412.

[42] Jiang H,An Z,Yu Y N,et al. Cooperative Guidance with Multiple Constraints Using Convex Optimization [J]. Aerospace Science and Technology,2018,79: 426 - 440.

[43] Wang X H,Lu X. Three - dimensional Impact Angle Constrained Distributed Guidance Law Design for Cooperative Attacks [J]. ISA Transactions,2018,73: 79 - 90.

[44] Zhao Q L,Dong X W,Song X,et al. Cooperative Time - varying Formation Guidance for Leader - Following Missiles to Intercept a Maneuvering Target with Switching Topologies [J]. Nonlinear Dynamics,2019,95(1):129 - 141.

[45] Zhao Q L,Dong X W,Liang Z X,et al. Distributed Group Cooperative Guidance for Multiple Missiles with Fixed and Switching Directed Communication Topologies [J]. Nonlinear Dynamics,2017,90(4):2507 - 2523.

[46] 张友安,马国欣,王兴平. 多导弹时间协同制导:一种领弹 - 被领弹策略 [J]. 航空学报,2009,30(6):1109 - 1118.

[47] Zhao E J,Tao C,Wang S Y,et al. An Adaptive Parameter Cooperative Guidance Law for Multiple Flight Vehicles [C]. American Institute of Aeronautics and

Astronautic Atmospheric Flight Mechanics Conference,2015.

[48] 邹丽,丁全心,周锐. 异构多导弹网络化分布式协同制导方法[J]. 北京航空航天大学学报,2010,36(12):1432-1435.

[49] 赵启伦,陈建,董希旺,等. 拦截高超声速目标的异类导弹协同制导律[J]. 航空学报,2016,37(3):936-948.

[50] Zhao J B,Yang S X,Xiong F F. Cooperative Guidance of Seeker – less Missile with Two Leaders[J]. Aerospace Science and Technology,2019,88:308-315.

[51] Lyu T,Guo Y N,Li C J,et al. Multiple Missiles Cooperative Guidance with Simultaneous Attack Requirement under Directed Topologies[J]. Aerospace Science and Technology,2019,89:100-110.

[52] Li Z H,Ding Z T. Robust Cooperative Guidance Law for Simultaneous Arrival[J]. IEEE Transactions on Control Systems Technology,2019,27(3):1360-1367.

[53] Jeon I S,Lee J I,Tahk M J. Homing Guidance Law for Cooperative Attack of Multiple Missiles[J]. Journal of Guidance Control and Dynamics,2010,33(1):275-280.

[54] Zhao J,Zhou R,Dong Z N. Three – Dimensional Cooperative Guidance Laws against Stationary and Maneuvering Targets[J]. Chinese Journal of Aeronautics,2015,28(4):1104-1120.

[55] Li G F,Wu Y J,Xu P Y. Adaptive Fault – Tolerant Cooperative Guidance Law for Simultaneous Arrival[J]. Aerospace Science and Technology,2018,82-83:243-251.

[56] Wang X F,Zheng Y Y,Lin H. Integrated Guidance and Control Law for Cooperative Attack of Multiple Missiles[J]. Aerospace Science and Technology,2015,42:1-11.

[57] Wei X,Wang Y J,Dong S,et al. A Three – Dimensional Cooperative Guidance Law of Multimissile System[J]. International Journal of Aerospace Engineering,2015.

[58] Olfati – Saber R,Murray R M. Consensus Problems in Networks of Agents with Switching Topology and Time – Delays[J]. IEEE Transactions on Automatic Control,2004,49(9):1520-1533.

[59] Yang L,Yang J Y. Nonsingular Fast Terminal Sliding – Mode Control for Nonlinear Dynamical Systems[J]. International Journal of Robust and Nonlinear Control,2011,21(16):1865-1879.

[60] Sun Y H,Wu X P,Bai L Q,et al. Finite – Time Synchronization Control and Parameter Identification of Uncertain Permanent Magnet Synchronous Motor[J].

Neurocomputing,2016,207:511 – 518.

[61] Wu Y J,Li G F. Adaptive Disturbance Compensation Finite Control Set Optimal Control for PMSM Systems Based on Sliding Mode Extended State Observer [J]. Mechanical Systems and Signal Processing,2018,98:402 – 414.

[62] Zuo Z Y. Nonsingular Fixed – time Consensus Tracking for Second – Order Multi – Agent Networks [J]. Automatica,2015,54:305 – 309.

[63] Ni J,Liu L,Liu C,et al. Fractional Order Fixed – Time Nonsingular Terminal Sliding Mode Synchronization and Control of Fractional Order Chaotic Systems [J]. Nonlinear Dynamics,2017,89(3):2065 – 2083.

[64] Zuo Z Y,Tian B L,Defoort M,et al. Fixed – Time Consensus Tracking for Multiagent Systems with High – Order Integrator Dynamics [J]. IEEE Transactions on Automatic Control,2018,63(2):563 – 570.

[65] Wang Y J,Song Y D,Hill D J,et al. Prescribed – Time Consensus and Containment Control of Networked Multiagent Systems [J]. IEEE Transactions on Cybernetics,2019,49(4):1138 – 1147.

[66] Levy M,Shima T,Gutman S. Single Versus Two – Loop Full – State Multi – Input Missile Guidance [J]. Journal of Guidance Control and Dynamics,2015,38(5):843 – 853.

[67] Shima T,Idan M,Golan O M. Sliding – Mode Control for Integrated Missile Autopilot Guidance [J]. Journal of Guidance Control and Dynamics,2006,29(2):250 – 260.

[68] Zhu J,Khayati K. Adaptive Sliding Mode Control – Convergence and Gain Boundedness Revisited [J]. International Journal of Control,2016,89(4):801 – 814.

[69] Li G F,Lu J H,Zhu G L,et al. Distributed Observer – Based Cooperative Guidance with Appointed Impact Time and Collision Avoidance [J]. Journal of the Franklin Institute,2021,358(14):6976 – 6993.

[70] Eliker K,Grouni S,Tadjine M,et al. Practical Finite Time Adaptive Robust Flight Control System for Quad – Copter UAVs [J]. Aerospace Science and Technology,2020,98:105708.

[71] Ren W,Cao Y. Collective tracking with a dynamic leader. Distributed coordination of multi – agent networks:emergent problems, models, and issues [M]. London:Springer London,2011.